Die Nachkalkulation

nebst zugehöriger Betriebsbuchhaltung in der modernen Maschinenfabrik

Für die Praxis bearbeitet unter Zugrundelegung von Organisationsmethoden der Berlin-Anhaltischen Maschinenbau-A.-G., Berlin

von

J. Mundstein

Mit 30 Formularen und Beispielen

Berlin
Verlag von Julius Springer
1920

ISBN-13: 978-3-642-90137-9 e-ISBN-13: 978-3-642-91994-7
DOI: 10.1007/978-3-642-91994-7

Herrn Herbert Peiser

Direktor der Berlin-Anhaltischen Maschinenbau-A.-G., Berlin

gewidmet

Vorwort.

Die Nachkalkulation und die dazu gehörende Betriebsbuchhaltung können mit Recht zu den wichtigsten Abteilungen eines jeden modernen Betriebes gezählt werden. Diese Würdigung haben beide Abteilungen bisher nicht überall gefunden, viele Betriebe haben sogar eine Nachkalkulation überhaupt noch nicht eingerichtet. Doch immer mehr und mehr werden sich die einzelnen Fabrikationsstätten bewußt, daß sie eine Kontrollabteilung benötigen, um ihren Betrieb gesund zu erhalten. Eine solche finden sie in der Nachkalkulation, die, mit der Betriebsbuchhaltung verbunden, immer mehr an Boden gewinnt.

Möge diesem Büchlein beschieden sein, die Kenntnis der Vorzüge einer gut organisierten Nachkalkulation noch mehr zu verbreiten und den einzelnen Betrieben den Weg zeigen, auf dem sie zu einer modernen Nachkalkulation gelangen können.

Berlin, im April 1920.

J. Mundstein.

Inhaltsverzeichnis.

I. Einleitung.

Eine Maschinenfabrik, die mit der Zeit mitgehen will, muß modern und gut organisiert sein; ihre kaufmännischen Abteilungen müssen deshalb so eingerichtet werden, daß sie zu jeder Zeit ohne größere Schwierigkeiten ein wahres und genaues Geschäftsbild in statistischer sowie buchhalterischer Hinsicht geben können.

Es ist wohl richtig, daß jede Organisation eine Vergrößerung des Personals und der sonstigen Unkosten an Büchern und Formularen mit sich bringt, aber dies macht sich doppelt und dreifach bezahlt. Daß im guten Glauben nicht überorganisiert werden darf, versteht sich von selbst. Andererseits ist es aber schwierig genau festzustellen, was eigentlich an einer Organisation notwendig und was überflüssig ist. Die Erfahrung lehrt, daß viele Betriebe Einrichtungen von früher her mitführen, die für die heutige Zeit keinen Wert haben, da sie veraltet sind. Diese veralteten Methoden sind öfters noch so kompliziert, daß der betreffende Betrieb unter Umständen mit demselben Personal nach einer ganz modern organisierten Arbeitsmethode arbeiten könnte.

Um einen Einblick in die moderne Organisation eines Betriebes zu gewähren, möchte ich kurz die Organisation einer mittelgroßen Maschinenfabrik besprechen, die nicht auf Massenfabrikation eingerichtet ist, und die ca. 500—700 Arbeiter beschäftigt. Dies tue ich deshalb, da gerade diesen mittleren Betrieben oft eine zielbewußte Organisation fehlt.

Ein moderner Betrieb muß vor allen Dingen gewisse Abteilungen und Stellen besitzen, die die Grundpfeiler seiner Organisation bilden. Nachfolgendes graphisches Bild soll von diesem Gesichtspunkte aus die notwendigsten kaufmännischen Abteilungen eines solchen Betriebes bringen (Fig. 1).

Es würde zu weit führen, wenn ich die Einrichtungen aller obigen Abteilungen an dieser Stelle besprechen wollte, um so mehr als der größte Teil dieser Abteilungen heute in jedem mittelgroßen Betriebe zu finden sein wird. Für die leichtere Auffassung meiner Abhandlung über die Nachkalkulation möchte ich aber immerhin einige Abteilungen, die vielleicht noch nicht allgemein eingeführt sind, kurz besprechen.

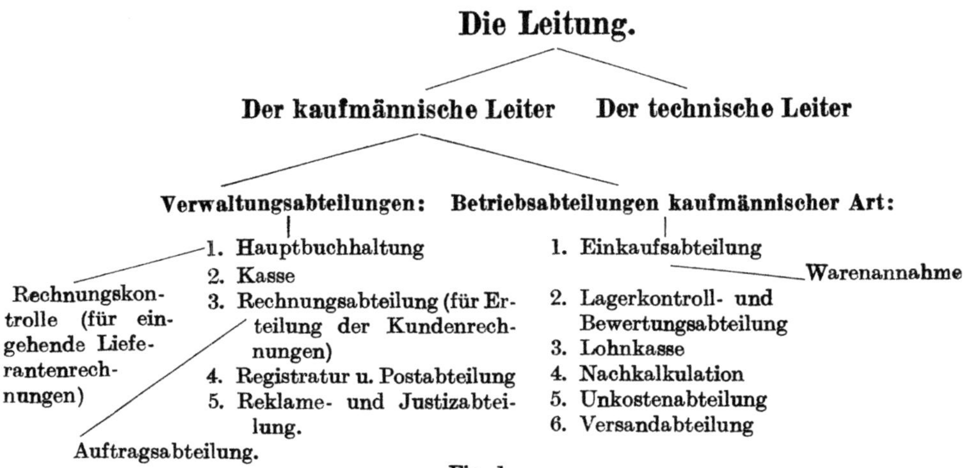

Fig. 1.

Die Hauptbuchhaltung. Die Funktionen dieser Abteilung sind zur Genüge bekannt. Bemerken möchte ich, daß diese Abteilung auch die Konten der Betriebsbuchhaltung zu führen hat, auf welche Konten ich später ausführlicher zurückkommen werde. Hier möchte ich nur das „Erlöskonto" und die „Aufwendungskonten" erwähnen.

Das **„Erlöskonto"** ist ein betriebsbuchhalterisches Konto, aus dem sich der eigentliche Geschäftsgewinn ergeben muß, wenn die einzelnen ausgehenden Kundenrechnungen zugunsten dieses Kontos und die aufgelaufenen Herstellungskosten der Kundenlieferungen (wie Materialien, Löhne usw.), Unkosten und Abschreibungen zu Lasten dieses Kontos gesetzt werden. Das Erlöskonto ist deshalb das wichtigste betriebsbuchhalterische Konto.

Die **„Aufwendungskonten"** sind Konten, auf denen die Herstellungskosten der Kundenaufträge gesammelt werden. Man könnte sie in 3 Hauptgruppen, und zwar „Materialienkonten", „Lohnkonten" und Nebenkostenkonten", einteilen.

Um die ausgehenden Rechnungen einerseits, die Herstellungskosten andererseits betriebsbuchhalterisch auch lückenlos erfassen zu können, muß das Prinzip bestehen, daß *für jede Belastung oder Erkennung eines Kunden oder Lieferanten usw. zu gleicher Zeit die Erkennung oder die Belastung des Erlöskontos oder der einzelnen Aufwendungskonten vorgenommen werden muß.* Nur auf diese Weise kann man eine Betriebsbuchhaltung schaffen, die richtige Daten zu liefern vermag. Als Beispiel:

1. Die Verbuchung einer Kundenrechnung:

Per:	N. N. (Kunde)	Mk. ....
An:	Erlöskonto	

2. Die Verbuchung einer Lieferantenrechnung:

Per: Lieferantenmaterialienkonto } Mk. ....
An: N. N. (Lieferant) }

Obige Verbuchungen erfolgen nicht etwa einzeln, sondern möglichst gesammelt, was in diesem Falle einerseits durch ein Rechnungsausgangsbuch, anderseits durch ein Rechnungseingangsbuch ermöglicht wird. Auf die einzelnen Aufwendungskonten und auf weitere Funktionen der Hauptbuchhaltung werde ich später zurückkommen.

Die Auftrags- und Rechnungsabteilung. Diese Abteilungen gehören zu den wichtigsten Verwaltungsabteilungen eines Betriebes.

Die Auftragsabteilung führt das „Auftragseingangsbuch" und versieht alle eingehenden Aufträge mit fortlaufenden Auftragsnummern. Die Auftragsnummer ist die Vorbedingung für jedes weitere richtige Arbeiten. Man verwende nicht allzu hohe Auftragsnummern (sie sollen nicht höher als fünfstellig sein), da sie sonst das Arbeiten erschweren. Je höher die Zahl ist, desto größer ist die Möglichkeit, sie falsch zu schreiben. Unter der Auftragsnummer wird der Auftrag ausgeführt, werden eventuell fehlende Teile bestellt, wird der Auftrag versandt, wird der Auftrag berechnet und wird der Auftrag in der Nachkalkulation auf sein Gewinnergebnis „abgerechnet". Ohne Auftragsnummer darf vom Lager nichts verausgabt werden, ohne Auftragsnummer dürfen Lohnzettel nicht bezahlt werden, und ohne Auftragsnummer dürfen keinerlei Buchungen vorgenommen werden usw.

Die Auftragsabteilung unterscheidet drei verschiedene Auftragsgruppen, und zwar „Kundenaufträge", „Vorratsaufträge" und „Unkostenaufträge". „Kundenaufträge" sind Bestellungen aus dem Kundenkreise, während die „Vorrats-" und „Unkostenaufträge" vom eigenen Betriebe aufgegeben werden, damit einerseits ein gewisser Vorratsbestand an fertigen Teilen geschaffen wird, andererseits Gebäude- und Maschinenreparaturen usw. vorgenommen werden. Zur Kenntlichmachung der einzelnen Auftragsgruppen ist es von Vorteil, für jede einzelne Gruppe eine getrennte Nummernserie zu führen. Für Unkostenbestellungen könnte z. B. die Nummernserie 1—10 000, für Vorratsbestellungen 10 000—20 000 und für Kundenbestellungen 20 000 bis 100 000 in Betracht kommen. Es ist nicht ratsam, den einzelnen Gruppen eine zu beschränkte Anzahl von Nummern zur Verfügung zu stellen, damit das öftere Wiederholen der einzelnen Nummernserien vermieden wird. Aus diesem Grunde soll man speziell für die Kundenaufträge eine größere Nummernserie zurückstellen.

Ist ein Betrieb in verschiedene Vertriebsabteilungen eingeteilt, so ist es das einfachste, die einzelnen Vertriebsabteilungen durch fortlaufende Nummern zu benennen; z. B. Abteilung für chemische Apparate: Abt. 2 usw., Abt. 3, 4, 5, 6, 7, 8 usw. In diesem Falle ist es auch möglich, den einzelnen Abteilungen bestimmte Auftragsnummernserien anzuweisen, die dann sofort die einzelnen in Betracht kommenden Vertriebsabteilungen erkennen lassen. So würde z. B. Abt. 2: Serie 20000 Abt. 3: Serie 30000, Abt. 4: Serie 40000 usw. erhalten. Jede Abteilung hat dann 10000 Auftragsnummern zur Verfügung, die sie nicht so schnell verbrauchen kann.

Neben der Festlegung der Auftragsnummern hat die Auftragsabteilung im Auftragseingangsbuche auch die Lieferungs- und Zahlungsbedingungen zu vermerken. Sie soll auch mit der Führung einer Auftragsstatistik betraut werden.

Die Rechnungsabteilung hat die Berechnung der einzelnen Kundenaufträge vorzunehmen und zu überwachen, sowie etwaige Gutschriften an die Kunden zu erteilen. Zu bemerken wäre hierzu, daß es sich als praktisch erwiesen hat, neben den einzelnen Vertriebsabteilungen und der Hauptbuchhaltung nur noch die Rechnungsabteilung mit der Kundschaft verkehren zu lassen. Der Verkehr mit der Kundschaft muß zentralisiert sein, und deshalb darf derselbe nicht von verschiedenen Abteilungen des Hauses aus erfolgen. Die Berechnung der einzelnen Aufträge selbst darf nur in der Hand der Rechnungsabteilung liegen. Die Rechnungsabteilung soll außerdem eine Statistik der noch nicht berechneten Auftragsbestände anlegen.

Die Rechnungskontrolle. Die Rechnungskontrolle ist eine Zweigabteilung der Hauptbuchhaltung und kann ebenso gut mit der Hauptbuchhaltung vereinigt werden. Ihre Aufgabe liegt in der Verwaltung und Erledigung der eingegangenen Unterlieferantenrechnungen. Sie hat die Pflicht, die Unterlieferantenrechnungen zugunsten der einzelnen Lieferanten, zu Lasten eines Aufwendungs-, Vorrats- oder Unkostenkontos in das „Rechnungseingangsbuch“ zu verbuchen, von dem aus die einzelnen Beträge in der Hauptbuchhaltung auf die einzelnen Kontokorrentkonten übertragen werden. Die Rechnungskontrolle hat auch dafür Sorge zu tragen, daß die Rechnungen die einzelnen Prüfungsstellen des Hauses passieren und daß die Rechnungen auch von der Nachkalkulation bzw. Unkostenabteilung verbucht werden. Hierauf soll die Rechnungskontrolle die einzelnen Rechnungen zur Zahlung anweisen und sie nach erfolgter Zahlung ablegen.

Die Rechnungen werden von der Rechnungskontrolle in drei Gruppen eingeteilt: in Rechnungen für „Kundenaufträge“, für „Vorratsaufträge“ und für „Unkostenaufträge“. Diese Einteilung erfolgt nach den auf der Rechnung vom Lieferanten angezogenen Auftragsnummern, die dem Lieferanten bei Bestellung angegeben werden, und die er dann bei Berechnung der Lieferung anziehen muß. Rechnungen ohne Auftragsnummern sollen zurückgewiesen werden.

Die Rechnungskontrolle werde ich bei Behandlung der Lieferantenrechnung noch eingehender besprechen.

Eine sehr wichtige Abteilung ist die

Lagerkontroll- und Bewertungsabteilung. Diese Abteilung hat die einzelnen Läger zu überwachen und die Bewertung ihrer Materialien vorzunehmen. Vorausgesetzt muß werden, daß die Vorratsbestände in Lägern untergebracht sind, welche ihrerseits ganz bestimmte Materialiensorten verwalten. Diese Läger werden am besten nach fortlaufenden Nummern benannt, so daß z. B. Lager 1: elektrische Teile, Lager 2: Gußteile usw. verwaltet. Jedes Lager führt für sich ein Lagerbestandsbuch oder eine Lagerbestandskartei, die aber keine Werte aufweisen. Die Lagerkontroll- und Bewertungsstelle führt dagegen ihrerseits für die einzelnen Läger ebenfalls Lagerbestandsbücher, die mit dem Werte der einzelnen Materialien versehen sind. Die Lagerbestandsbücher können zu Beginn des neuen Geschäftsjahres nach Aufnahme der körperlichen Inventur der Vorratsmaterialien eingerichtet werden, wobei dann die Inventurergebnisse als Lägerbestände in den Lagerbestandsbüchern erscheinen. Jede Materialienart erhält in dem Lagerbestandsbuche eine Seite für sich, so daß sozusagen Konten für die einzelnen Materialienarten geschaffen werden. Der Lagerkontrollstelle gehen hierauf im Laufe des Jahres die einzelnen eingehenden Lieferantenrechnungen für Vorratsbestellungen, sowie die Proformarechnungen über die im eigenen Betriebe hergestellten Vorratsteile zu und werden als Zugang in den Lagerbestandsbüchern unter den einzelnen Materialienarten verbucht. Die Abforderung von Materialien durch die Werkstätten darf nur mittels der sog. „Materialabforderungszettel" erfolgen. Die Lagerverwalter dürfen daher kein Material verabfolgen, wenn sie nicht zu gleicher Zeit über das betreffende Material einen Materialabforderungszettel erhalten. Die Materialabforderungszettel gelangen nach Ausgabe der Materialien, versehen mit einem Ausgabevermerk der betreffenden Läger, in die Lagerkontrollstelle, die dann an Hand dieser Zettel den Abgang der einzelnen Materialien in den Lagerbestandsbüchern vermerkt. Auf diese Weise ist die Lagerkontrollstelle imstande, jederzeit den Bestand des Lagers sowie den Wert desselben anzugeben. Dieser Bestand muß dann mit dem Effektivbestande des betreffenden Lagers übereinstimmen.

Weiteres über die Lagerkontroll- und Bewertungsstelle werde ich in der Abhandlung über den „Materialabforderungszettel" bringen.

Die Nachkalkulation. Jeder Betrieb soll nach Möglichkeit eine Abteilung besitzen, die einer Kontrollabteilung gleichkommt. Diese Kontrollabteilung kann als sog. „Nachkalkulation" geschaffen werden, die, wie schon der Name besagt, „nachkalkulieren" soll. Die Nachkalkulation muß, wenn sie erfolgreich arbeiten soll, so organisiert sein, daß sie imstande ist alle Daten, die ihr vom Betriebe zufließen, zu ordnen, zu verbuchen und praktisch zu verwerten. Diese Daten müssen,

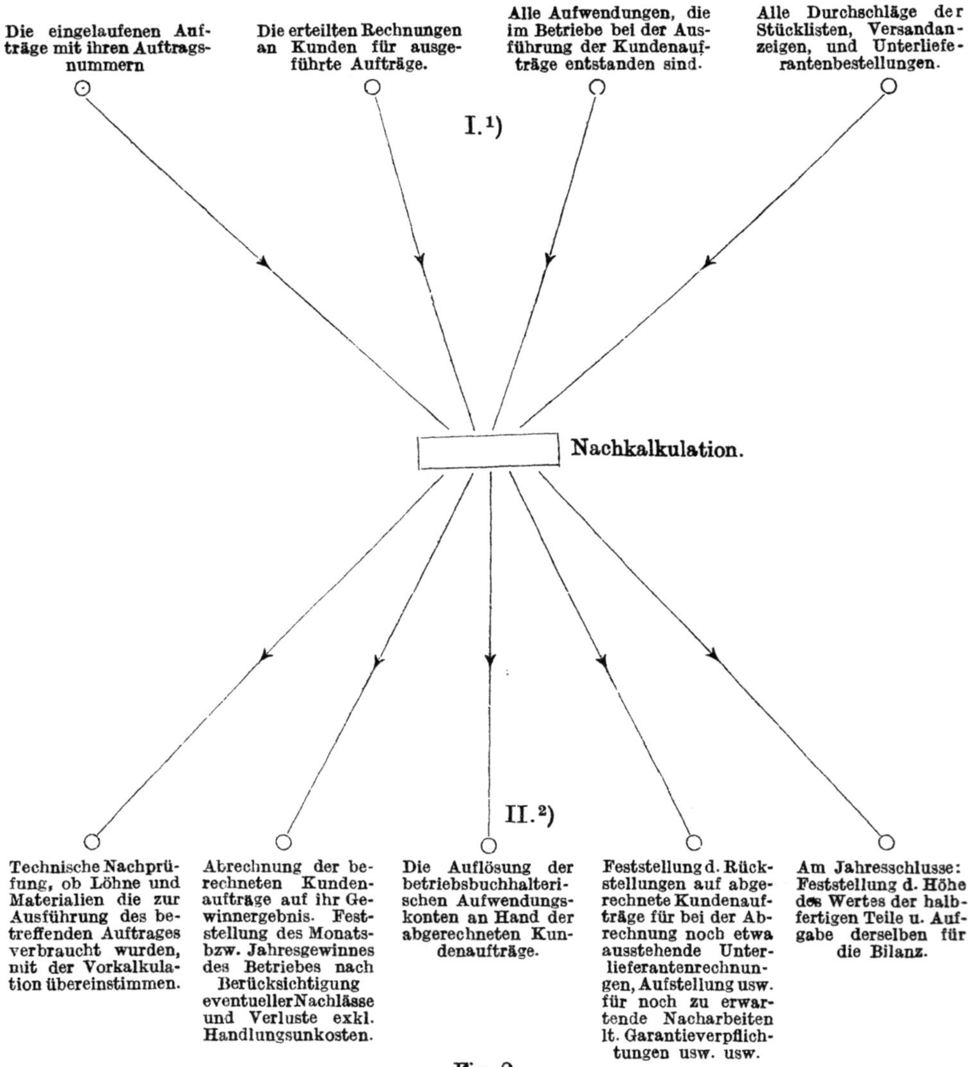

Fig. 2.

damit sie auch lückenlos in die Nachkalkulation gelangen, einer strengen Kontrolle unterstellt werden. Es darf nicht vorkommen können, daß in der Organisation des Betriebes eine Lücke besteht, durch die verschiedene Daten der Nachkalkulation entschlüpfen könnten. Alle

[1]) I. Dieser Abschnitt stellt die Daten usw. dar, die die Nachkalkulation vom Betriebe erhält.

[2]) II. Dieser Abschnitt stellt die Tätigkeit der Nachkalkulation dar.

Aufwendungen, die im Betriebe bei der Ausführung der Kundenbestellungen entstanden sind, müssen daher auf schriftlichen Unterlagen basieren und der Nachkalkulation überwiesen werden. Wie dieses vor sich geht, werde ich in der nachfolgenden Abhandlung über die Nachkalkulation genauer behandeln.

Im nebenstehenden graphischen Bilde möchte ich die gesamte Tätigkeit der Nachkalkulation im großen wiedergeben (Fig. 2).

Wie aus diesem graphischen Bilde ersehen werden kann, ist die Tätigkeit der Nachkalkulation eine sehr vielseitige. Bemerken möchte ich, daß in diesem Falle die Nachkalkulation nur die kalkulatorische Abrechnung der Kundenaufträge vornimmt. Die kalkulatorische Abrechnung der von den einzelnen Vertriebsabteilungen aufgegebenen Vorratsbestellungen, sowie der Unkostenaufträge ist hier nicht einbegriffen, da hierfür einerseits eine Nachkalkulation der Vorratsaufträge, andererseits die Unkostenabteilung in Betracht kommt. Die Nachkalkulation, die ich behandeln möchte, ist also eine Abteilung, die nur das Nachkalkulieren der Kundenaufträge vornimmt. Selbstverständlich kann die Tätigkeit dieser Nachkalkulation so weit erweitert werden, daß sie auch das Nachkalkulieren der Vorrats- und Unkostenaufträge in sich einschließt; dies läßt sich aber nur in kleineren Betrieben durchführen.

Die Unkostenabteilung. Diese Abteilung hat die effektiven Betriebs- und Handlungsunkosten festzustellen. Es bestehe das Prinzip, so wenig als möglich Unkosten als solche gelten zu lassen, vielmehr so viel als möglich von diesen Kosten, wenn sie sich auf bestimmte Kundenaufträge (Vorratsaufträge) beziehen, der Nachkalkulation zu überweisen, die sie dann als Aufwendungen zu Lasten der einzelnen Aufträge verbucht. Solche Kosten wären z. B. Entlohnungen für geleistete Extraarbeiten, wenn sie für ganz bestimmte Aufträge in Betracht kommen, Versicherungen von im Bau befindlichen Anlagen usw. usw. Die Unkostenabteilung besitzt, wie bereits erwähnt, auch eine Nachkalkulation für die Unkostenaufträge, so daß alles, was als Unkosten angesehen werden kann, lediglich von der Unkostenabteilung erledigt werden soll. Die Unkostenabteilung, die eine ziemlich komplizierte Tätigkeit auszuüben hat, gehört zu den wichtigsten Abteilungen eines Betriebes. In meiner folgenden Abhandlung über die Nachkalkulation werde ich wohl noch Gelegenheit haben, über die Unkostenabteilung Näheres zu sagen.

Nachdem ich die Tätigkeiten und Einrichtungen einiger Abteilungen eines modern organisierten Betriebes wiedergegeben habe, möchte ich nun von einem solchen Betriebe ausgehend die Organisation der Nachkalkulation einer näheren Betrachtung unterziehen. Vorerst möchte ich aber noch auf einige Grundsätze aufmerksam machen, die für jede Organisation von größter Wichtigkeit sind:

1. Alle Abteilungen eines Betriebes müssen gut aneinandergegliedert sein, d. h. es muß ein Hand-in-Handarbeiten der einzelnen Abteilungen stattfinden.

2. Die bestehenden Organisationsvorschriften müssen von den einzelnen Abteilungen aufs genaueste befolgt und eingehalten werden.

3. Die Abteilungsleiter müssen immer bestrebt sein, die bestehende Organisation durch praktische Erfahrungen, die sie in ihrer Tätigkeit gewonnen haben, immer mehr auszubauen.

4. Alle Verfügungen und Anordnungen usw. müssen unter allen Beamten zirkulieren.

Nur nach Berücksichtigung dieser vier Punkte läßt sich ein richtiges und erfolgreiches Arbeiten erzielen, das die Grundbedingung der modernen Organisation darstellt.

II. Zweck der Nachkalkulation.

Unter einer „Nachkalkulation" verstehe ich eine Abteilung, die neben der eigentlichen technischen Nachkalkulation und Gewinnermittlung die betriebsbuchhalterischen Vorgänge für die Hauptbuchhaltung zu ermitteln hat. Die Nachkalkulation muß daher sowohl nach technischen als auch nach streng buchhalterischen Grundsätzen aufgebaut sein.

Als Kontrollabteilung des Betriebes stehen der Nachkalkulation verschiedene wichtige Funktionen zu. Diese Funktionen könnte man in vier größere Gruppen einteilen, und zwar:

A. **Die Nachkalkulation hat festzustellen:**

1. für die statistische Gewinnermittlung
   a) die Abrechnungsergebnisse (Gewinnergebnisse) der einzelnen Kundenaufträge und
   b) den erzielten Monats- bzw. Jahresüberschuß exkl. Handlungsunkosten des gesamten Betriebes, sowie der etwa vorhandenen einzelnen Vertriebsabteilungen;
2. für die Bilanz:
   a) die Höhe der für das nächste Geschäftsjahr notwendigen Rückstellungen auf bereits berechnete Kundenaufträge, für noch etwa ausstehende Unterlieferantenrechnungen, evtl. Nachlässe, sowie Nachlieferungen und Nacharbeiten aus Garantieverpflichtungen usw.;

b) den Wert der halbfertigen Teile, der in den am Geschäftsjahresschlusse noch nicht berechneten Aufträgen enthalten ist und

c) die Höhe der Abschreibungen auf halbfertige Teile für Objekte, die von vornherein sich als sichtbare Verlustgeschäfte zeigen.

B. **Die Nachkalkulation hat zu bewirken:**

die Auflösung der betriebsbuchhalterischen Aufwendungskonten.

C. **Die Nachkalkulation hat zu kontrollieren:**

a) den von der Hauptbuchhaltung festgestellten Jahresumsatz und

b) den nach Berücksichtigung der Rückstellungen, Abschreibungen, Verluste usw. betriebsbuchhalterisch errechneten Jahresgewinn laut Erlöskonto.

D. **Die Nachkalkulation hat zu überwachen:**

a) daß der Verbrauch der Materialien, die von den Werkstätten zur Ausführung der einzelnen Kundenaufträge abgefordert wurden, nicht höher ist, als die technische Vorkalkulation laut Stückliste usw. ihn vorschreibt;

b) daß nicht zu viel Löhne auf die einzelnen Kundenaufträge geschrieben werden;

c) daß das richtige Versandgewicht auf der Rechnung erschienen ist und

d) daß die Kundenrechnung richtig ausgeschrieben ist und alles berechnet wurde.

Diese vier Gruppen enthalten die wichtigsten Funktionen der Nachkalkulation. Wie die Erfahrung aber lehrt, kommen mit der Zeit immer mehr größere und kleinere Funktionen dazu, die in den verschiedenen Betrieben verschieden sein können; so z. B. eine Funktion als Vorkalkulation für Aufträge, die erst nach Fertigstellung nach den aufgelaufenen Aufwendungen berechnet werden usw. usw.

Zweck der Nachkalkulation ist auch die Feststellung, ob die von der Unkostenabteilung errechneten „Betriebszuschläge“ richtig sind. Die Betriebszuschläge sind Zuschläge, die die Unkosten, mit denen die einzelnen Werkstätten arbeiten, decken sollen. Diese Unkosten sind bei jeder einzelnen Werkstatt verschieden groß, so daß es richtig ist, wenn für jede Werkstatt der entsprechende Betriebszuschlag in Anwendung kommt. Sollte sich dieses zu kompliziert erweisen, dann teile man die einzelnen Werkstätten in Gruppen. Zu einer Gruppe gehören dann alle Werkstätten, die mit ähnlichen Unkosten arbeiten. Auf diese Weise erhält man „Gruppenbetriebszuschläge“. Nie aber sollen die Unkosten aller Werkstätten sozusagen in einen Topf geworfen werden, um dann einen allgemeinen Betriebszuschlag zu errechnen. Die Unkostenabteilung muß daher organisatorisch so ausgebaut sein, daß sie alle Unkosten der einzelnen Werkstätten mindestens gruppenweise getrennt erfassen kann. Indem sie nun diesen Unkosten eines Jahres die tatsächlich gezahlten Produktivlöhne des ganzen Jahres gegenüberstellt, errechnet sie einen Betriebszuschlag, der für das nächste Jahr gelten soll. Dieser Betriebszuschlag wird durch einen Prozentsatz ausgedrückt, der auf die Produktivlöhne aufgeschlagen wird. Die Nachkalkulation stellt nun im Laufe des nächsten Geschäftsjahres die gedeckten Betriebsunkosten fest, indem sie auf die einzelnen Löhne der abzurechnenden Kundenaufträge den betreffenden Betriebszuschlag aufschlägt.

Will die Unkostenabteilung im Laufe des Jahres feststellen, ob die Betriebszuschläge hinreichen, um die Werkstattunkosten zu decken, so stellt sie die Summe der von der Nachkalkulation abgerechneten Betriebszuschläge, der abgerechneten Zuschläge auf Vorratsbestellungen und die Zuschläge, die in den noch nicht abgerechneten Aufträgen enthalten sind, fest. Auf diese Weise erhält sie eine Summe, die mit den bis zu diesem Tage aufgewendeten Gesamtunkosten des Betriebes (nicht des Vertriebes) übereinstimmen muß.

Die Unkosten des Vertriebes, wie Gehälter der mit dem „Vertrieb“ beschäftigten Angestellten usw. müssen abseits hiervon in ihrer Gesamtsumme als sog. „Handlungsunkosten“ vom Gewinn des Betriebes abgesetzt werden, um die Feststellung des eigentlichen Geschäftsgewinnes zu ermöglichen.

Ergibt obige Abstimmung der Betriebsunkosten, daß sie durch die Zuschläge nicht ganz gedeckt worden sind, so müssen die Betriebszuschläge erhöht werden, was im Laufe des Jahres zu jeder Zeit geschehen kann.

Eine eingehende Besprechung aller Funktionen der Nachkalkulation werde ich im Abschnitte „Die Nachkalkulation und ihre Tätigkeit“ vornehmen.

Im folgenden Abschnitte möchte ich die Unterlagen der Nachkalkulation einer näheren Betrachtung unterziehen.

III. Die Unterlagen der Nachkalkulation.

Die Unterlagen, auf die sich die Nachkalkulation stützt, gehen ihr, wie bereits in der Einleitung erwähnt, von den einzelnen Abteilungen des Hauses in schriftlicher Form zu. Wenn ich auch nicht im Rahmen dieser Abhandlung die Einrichtungen aller Abteilungen eines Betriebes genau besprechen kann, um die Entstehungsweise dieser Unterlagen zu erläutern, will ich immerhin für die leichtere Verständlichkeit meiner Ausführungen über die „Unterlagen der Nachkalkulation“, die Einrichtungen dieser Abteilungen, im Anschlusse an die Ausführungen der Einleitung einer weiteren Betrachtung unterziehen.

Die Unterlagen einer modernen Nachkalkulation wären mindestens folgende:

1. Die Materialabforderungszettel,
2. die Lieferantenrechnungen nebst Eingangsmeldungen,
3. die Hilfsmemoriale,
4. die Lohnzettel,
5. das Ausgangsfrachtenbuch,
6. das Provisionsüberwachungsbuch,
7. das Lizenzüberwachungsbuch,
8. das Reiseauslagen- und Reisegehälter-Überwachungsbuch und
9. das Fertigstellung-Rückstellungs-Überwachungsbuch.

Diese Unterlagen hängen in jeder Weise von den betriebsbuchhalterischen Aufwendungskonten ab, denn jedes betriebsbuchhalterische Aufwendungskonto muß durch ein Formular vertreten sein, mit dessen Hilfe sich die Vorgänge auf dem betreffenden Konto abzuspielen vermögen. Letzteres geschieht durch die Vermittlung der Nachkalkulation. Aus diesem Grunde sind auch

10. die Aufwendungskonten

Unterlagen der Nachkalkulation; denn getrennt nach den einzelnen Aufwendungskonten werden in der Nachkalkulation die einzelnen kalkulatorischen Unterlagen verbucht.

In meiner folgenden näheren Betrachtung der einzelnen Unterlagen der Nachkalkulation möchte ich mit den Aufwendungskonten beginnen, da ich von diesen die anderen Unterlagen ableite.

Die einzelnen Aufwendungskonten. Dieselben werden als Hauptbuchkonten in der Hauptbuchhaltung geführt. Sie werden durch die eingehenden Lieferantenrechnungen, Kunden- und Vorratsbestellungen betreffend, durch die tatsächlich gezahlten produktiven Löhne, Ausgangsfrachten usw. belastet und sollen durch die Vermittlung der Nachkalkulation erkannt werden, wenn die einzelnen Aufträge ausgeführt sind und die Nachkalkulation mittels obiger 9 Unterlagen die hierfür verbrauchten Materialien, Löhne usw. nachgewiesen erhält. Diese Erkennung muß kontenweise erfolgen, die verbrauchten Aufwendungen müssen daher der Nachkalkulation unter den Aufwendungskonten mitgeteilt werden, unter denen sie in der Hauptbuchhaltung verbucht sind. Ein straffes System ist daher für den ganzen Betrieb Bedingung, damit alle Aufwendungen unter dem Konto geführt und der Nachkalkulation nachgewiesen werden, dem sie ursprünglich in der Hauptbuchhaltung belastet wurden. Es muß daher z. B. eine Unterlieferantenrechnung, die beim Eingange unter „Lieferantenmaterialienkonto" verbucht wurde, unter diesem Konto auch der Nachkalkulation überwiesen werden. Wenn eine solche kontenmäßige Übereinstimmung zwischen Hauptbuchhaltung und Nachkalkulation erzielt werden kann, dann muß die Nachkalkulation am Jahresschlusse durch die im Laufe des Jahres erfolgten Erkennungen der einzelnen Aufwendungskonten, die Aufwendungskonten der Hauptbuchhaltung bis auf den letzten Pfennig auflösen können. Die Erkennungen der Aufwendungskonten erfolgen durch die Nachkalkulation an Hand der Aufwendungen, die im Laufe des Jahres für die Ausführung der Kunden- und Vorratsaufträge verbraucht wurden und der Aufwendungen, die in den halbfertigen Teilen, d. h. in den am Jahresschlusse noch nicht berechneten Kunden- und Vorratsaufträgen, enthalten sind. Voraussetzung für diese Auflösungsarbeiten der Nachkalkulation muß ein richtiges fehlerfreies Arbeiten sein, das mit Hilfe von Kontrollen erreicht werden kann. Aber auch der Übergang vom alten zum neuen Geschäftsjahre bedarf einer besonders eingehenden Überwachung, da gerade in dieser Zeit die größten Fehler gemacht werden können, die dann die Tätigkeit des ganzen Jahres der Nachkalkulation zerstören. Es muß daher der Grundsatz gelten, daß die Nachkalkulation im alten Jahre nur diejenigen Aufwendungen verbucht, die auch die Hauptbuchhaltung im alten Jahre verbucht hat. Eine Übereinstimmung in dieser Beziehung läßt sich erreichen, wenn in der Übergangszeit die Unterlagen aller Aufwendungsarten mit einem entsprechenden auffälligen Jahresstempel versehen werden.

Die Nachkalkulation muß so viele Aufwendungskonten besitzen, als der betreffende Betrieb benötigt, um seine verschiedenen Aufwendungsarten für Kunden- und Vorratsaufträge vollzählig unterbringen zu können. Solche unbedingt notwendige Aufwendungskonten wären:

1. das Vorratsmaterialienkonto,
2. das Lieferantenmaterialienkonto,
3. das Lohnkonto,
4. das Ausgangsfrachtenkonto,
5. das Provisionskonto,
6. das Lizenzkonto,
7. das Reiseauslagenkonto,
8. das Reisegehälterkonto,
9. das verschiedene Nebenkostenkonto und
10. das Fertigstellung-Rückstellungskonto.

Diese einzelnen Aufwendungskonten werden in der Hauptbuchhaltung mit den Beträgen folgender Aufwendungsarten belastet:

1. Das Vorratsmaterialienkonto: durch die eingehenden Unterlieferantenrechnungen für die Lagerbestellungen, durch die

Proformarechnungen der im eigenen Betriebe selbst angefertigten Fabrikate oder Teile und durch die an die Läger zurückgelieferten Teile (Rücklieferungen).

2. Das Lieferantenmaterialienkonto: durch alle Unterlieferantenrechnungen für von den Lieferanten gelieferte Teile, ausgeführte Arbeiten, verauslagte Frachten usw., wenn sie sich auf Lieferungen beziehen, die zur Ausführung von Kundenbestellungen verwendet wurden, sowie durch die Eingangsfrachten.

3. Das Lohnkonto: nur durch alle im eigenen Betriebe entstandenen produktiven Werkstatt- und Aufstellungslöhne. Löhne, die von den Unterlieferanten in Rechnung gestellt werden, gehören unter Lieferantenmaterialienkonto.

4. Das Ausgangsfrachtenkonto: nur durch tatsächlich im eigenen Betriebe entstandene Ausgangsfrachten, Transportversicherungen und Zölle. Werden diese Aufwendungsarten von Unterlieferanten verauslagt, so gehören sie unter Lieferantenmaterialienkonto.

5. Das Provisionskonto: durch selbstgezahlte Provisionen und Abgaben.

6. Das Lizenzkonto: durch selbstgezahlte Lizenzen bzw. Patentgebühren.

7. Das Reiseauslagenkonto: durch alle aufgelaufenen Reise- und Bauleiterabrechnungen, soweit sie nicht ein anderes Aufwendungskonto betreffen, wie Lieferantenmaterialienkonto, verschiedene Nebenkostenkonto usw.

8. Das Reisegehälterkonto: durch die auf die Reisetage entfallenden Gehälter der Reiseingenieure, Bauleiter usw.

9. Das verschiedene Nebenkostenkonto: durch die entstandenen kleineren Aufwendungen der Reiseingenieure usw., durch alle Entschädigungen für Extraarbeiten und Gratifikationen, soweit sie ganz bestimmte Kundenaufträge betreffen.

10. Das Fertigstellung-Rückstellungskonto: dieses Konto sammelt die von der Nachkalkulation festgestellten Fertigstellung-Rückstellungen. Wie wir bereits gehört haben, ist der Zweck der Nachkalkulation unter anderem das nachkalkulatorische Gewinnergebnis der einzelnen Kundenaufträge sowie das monatliche Gewinnergebnis des ganzen Betriebes festzustellen. Das Gewinnergebnis des einzelnen Auftrages wird errechnet, wenn man vom erzielten Rechnungsbetrage die für die Ausführung des betreffenden Auftrages in der Nachkalkulation eingelaufenen Aufwendungen absetzt. An Hand von technischen Unterlagen prüft der Nachkalkulator hierbei, ob die Nachkalkulation bereits alle Aufwendungen für diesen Auftrag überwiesen erhielt, oder ob verschiedene Aufwendungen noch fehlen, die vielleicht erst nach einer gewissen Zeit erscheinen können. Z. B. es wird eine größere Ma-

schinenanlage ausgeführt. Die Errichtung der notwendigen Maschinenhäuser ist einer Baufirma übertragen worden. Trotzdem diese Häuser noch nicht ganz fertiggestellt sind, kann dem Kunden die gesamte Anlage berechnet werden. Dieses geschieht auch. Diese Kundenrechnung kommt nun in die Nachkalkulation, und dort soll das Gewinnergebnis dieser Anlage festgestellt werden. Der Nachkalkulator prüft die eingegangenen Unterlagen der einzelnen Aufwendungen und stellt hierbei fest, daß die Rechnung der Baufirma über die Herstellung der Maschinenhäuser noch nicht eingegangen ist, da diese Firma höchstwahrscheinlich mit ihren Arbeiten noch nicht zu Ende sein wird. Aus den Unterlagen der Einkaufsabteilung kann der Nachkalkulator aber ersehen, daß die Maschinenhäuser für eine vorher festgesetzte Summe aufgestellt werden. Die Summe muß der Nachkalkulator bei seiner Gewinnabrechnung berücksichtigen, damit das Gewinnergebnis richtig sein soll. Das Verbuchen dieser bereits feststehenden Summe ohne Rechnung der Baufirma ist ihm nicht gestattet, da er sonst nicht in Übereinstimmung mit der Hauptbuchhaltung handeln würde. Es besteht doch, wie bereits eingangs erwähnt, das Prinzip: „Die Nachkalkulation darf nur diejenigen Summen oder Unterlagen verbuchen, die auch die Hauptbuchhaltung verbucht hat." Aus diesem Grunde muß dem Nachkalkulator ein Ausweg geschaffen werden, und dieser liegt in den Fertigstellung-Rückstellungen. Der Nachkalkulator setzt die fehlende Rechnung der Baufirma mit ihrem Betrage unter „Fertigstellung-Rückstellungen" ein. Das Fertigstellung-Rückstellungskonto ist demnach ein richtiges Aufwendungskonto, da es nur Beträge enthält, für die tatsächlich noch Aufwendungen auflaufen. Im Unterschiede zu den anderen Aufwendungskonten wird das Fertigstellung-Rückstellungskonto mit den Fertigstellung-Rückstellungen nicht belastet, sondern erkannt. Die Belastung erfolgt erst dann, wenn die betreffende Aufwendung für die eine Fertigstellung-Rückstellung vorgesehen wurde, eingegangen ist. Die Belastung dieses Kontos erfolgt ebenfalls durch die Nachkalkulation. Weiteres über die Fertigstellung-Rückstellungen wird der Abschnitt „Das Rückstellungsverfahren" bringen.

Diese oben angeführten betriebsbuchhalterischen Aufwendungskonten müssen, wie bereits gesagt, durch die Nachkalkulation im Laufe des Jahres aufgelöst werden, damit der Beweis erbracht wird, daß alle Aufwendungen tatsächlich für die Ausführung der Kunden- und Vorratsaufträge ganz verbraucht worden sind. Die Nachkalkulation selbst erhält die einzelnen verbrauchten Aufwendungen an Hand der neun angeführten Unterlagen der Nachkalkulation nachgewiesen. Sache der Nachkalkulation ist es daher, Kontrollen einzurichten, mit deren Hilfe die Nachkalkulation die Gewißheit erlangt, daß sie auch alle verbrauchten Aufwendungen nachgewiesen erhalten hat.

Ich möchte nun die neun Unterlagen der Nachkalkulation einer eingehenderen Betrachtung unterziehen.

Der Materialabforderungszettel. Wie wir bereits gehört haben, werden die einzelnen Vorratsmaterialien in verschiedenen Lägern untergebracht. Diese Vorratsmaterialien, die einerseits angeliefert, andererseits im eigenen Betriebe hergestellt wurden, dürfen bei Bedarf von den einzelnen Werkstätten nur mittels ausgeschriebenem „Materialabforderungszettel" (Formular 1) abgefordert werden. Der Material-

Lagerstempel: (Datum d. Auslieferung.) ......*13. 6. 19*...... Lager: ...*Nr. 1*.... Unterschrift d. Lagerverwalters: ....*N. N.*.......	**Materialabforderungszettel.** Werkstatt: *Schlosserei* lt. Stückliste Pos: *15*... Datum: *12. 6. 19*.... Unterschrift des Werkmeisters: *N. N.*..	Laufende Nr.: *1021* Auftrags-Nr.: *20 120* Besteller, Ort: ....*Essen*......... Gegenstand: ...X...

Anzahl	Gegenstand	Abmessung. bzw. Gewicht	Grundpreis für	Grundpreis Mk.	Grundpreis Pf.	Gesamtwert Mk.	Gesamtwert Pf.	
12	*Mutterschrauben*	*20 × 10*	%	*21*	*16*	*2*	*54*	Für Lagerbewertung: Im Lagerkontrollbuch verbucht Seite: *178* Datum: ...*18. 6. 19*.. Unterschrift: ..*N. N.*...
								Für Nachkalkulation bzw. Unkostenabteilung: verbucht am: *1. 7. 19.* Unterschrift: *N. N.*

Formular 1.

abforderungszettel muß zu diesem Zwecke von der Werkstatt vor allen Dingen mit der richtigen Auftragsnummer, für die das Material gebraucht wird, versehen werden und wird mit zwei Durchschriften ausgefertigt. (N. B. Die Materialabforderungszettel können ebensogut von den einzelnen ausführenden Abteilungen des Betriebes ausgeschrieben werden; dieses wird sich aber nicht überall durchführen lassen.)

Während die eine Durchschrift als Unterlage in der betreffenden Werkstattabteilung verbleibt, die zweite Durchschrift vom betreffenden Lagerverwalter, der die Materialien herausgibt, zurückbehalten wird, gelangt der Originalzettel nach Ausgabe der Materialien und Gegenzeichnung des betreffenden Lagerverwalters an die Lagerkontroll- und Bewertungsabteilung (siehe Einleitung). Der Lagerverwalter trägt die betreffende Durchschrift des Materialabforderungszettels als Ausgang in seine Lagerkartei ein; dasselbe macht auch die Lagerbewertungsabteilung an Hand der Originalzettel, wobei sie die einzelnen Zettel in die Lagerbestandsbücher als Ausgang verbucht. Da die Lagerbestandsbücher unter Eingang die Preise der einzelnen Teile aufweisen, versieht die Lagerbewertungsstelle beim Austragen der Materialabforderungszettel dieselben mit den einzelnen in Betracht kommenden Preisen und zeichnet die einzelnen Materialabforderungszettel als verbucht ab. Die so bewerteten Materialabforderungszettel sollen nun der Nachkalkulation zugehen. Bevor dieses geschieht, müssen diese Zettel eine scharfe Kontrolle passieren, um ein lückenloses Arbeiten mit ihnen zu ermöglichen. (Es ist zu berücksichtigen, daß es eben nur Zettel sind.) Wie leicht geht so ein Zettel in einem größeren Betriebe verloren! Die Folge davon wäre, daß die Nachkalkulation keine erschöpfenden Daten in bezug auf die Vorratsentnahme erhalten würde, und daß die Lagerkontrollstelle als solche hinfällig wird. Infolgedessen ist es unumwunden notwendig, ein Kontrollsystem für diese Zettel zu schaffen. Greifen wir daher zu dem einfachsten und vielleicht besten.

Jede Werkstattabteilung, überhaupt jede Betriebsabteilung, die Materialabforderungszettel benötigt, erhält eine bestimmte Nummernserie, mit der die Materialabforderungszettel oben in der Ecke versehen werden. Kommen z. B. 10 verschiedene Abteilungen in Frage, die Materialabforderungszettel verwenden, so wird man ihnen 10 verschiedene Nummernserien überweisen; so z. B. Abteilung Schlosserei Serie Nr. 1, Dreherei Serie Nr. 10 000, dann für die übrigen Werkstattabteilungen Serie Nr. 20 000, 30 000, 40 000, 50 000 usw. Die Lagerkontroll- und Bewertungsstelle verwaltet die einzelnen Materialabforderungszettel, die in Blocks zu 50 Stück geheftet sind, und gibt sie den einzelnen Werkstätten hintereinander gegen Quittung aus. Zu gleicher Zeit führt die Lagerkontroll- und Bewertungsstelle ein „Materialabforderungszettel-Überwachungsbuch", das mit den laufenden Nummern der einzelnen Serien versehen ist. In dem Augenblick, wo an die Lagerbewertungsstelle ein Materialabforderungszettel herankommt, stempelt sie die betreffende laufende Nummer des Zettels im Überwachungsbuche mit einem Tagesstempel ab. Auf diese Weise erzielt die Lagerbewertungsstelle eine scharfe Überwachung der einzelnen Materialabforderungszettel, geht von Zeit zu Zeit den ihr noch fehlenden Materialabforderungszetteln nach und stellt ihr Verbleiben fest. Nachdem die Zettel diese Kontrolle passiert haben, übergibt die Lagerbewertung die Materialabforderungszettel in gewissen Zeitabständen, nach den einzelnen Serien geordnet, unter Quittung der Nachkalkulation, wobei sie in einer beigefügten Aufstellung sämtliche Zettel nummernweise unter Anziehung der Auftragsnummer und des Betrages aufführt. Eine Durchschrift dieser Aufstellung behält die Lagerbewertung, während das Original von der Nachkalkulation zurückbehalten wird. Die Nachkalkulation ihrerseits kontrolliert an Hand dieser Aufstellung die Richtigkeit der empfangenen Zettel und stempelt in einem zweiten Materialabforderungszettel-Überwachungsbuche, das sie führt, die einzelnen Zettelnummern auch ab, nachdem sie die einzelnen Zettel auf die einzelnen Auftragsnummern verbucht hat.

Auf diese Weise übt die Nachkalkulation eine Kontrolle über die Lagerbewertungsstelle aus, um feststellen zu können, ob sie auch alle Zettel erhalten hat, die in der Lagerbewertung eingingen. Der Ring ist geschlossen und bürgt für eine lückenlose Erfassung aller Materialabforderungszettel.

Nun kommt es auch vor, daß Materialien abgefordert werden, die nicht zur Ausführung von Kundenaufträgen, sondern zur Ausführung von Unkostenaufträgen verwendet werden sollen. In diesem Falle ist sich die betreffende Werkstatt von vornherein bewußt, daß es sich um einen Unkostenauftrag handelt, der auch mit einer Unkostenauftragsnummer versehen sein muß; z. B. Abforderung von Maschinenöl, Putzlappen für die Reparatur von eigenen Maschinen usw. Die Werkstatt ist nun verpflichtet, zur Abforderung solcher Materialien sich der Materialabforderungszettel zu bedienen, die mit einer die Unkostenabteilung betreffenden Nummernserie versehen sind. Diese für die Unkostenabteilung geltenden Nummernserien können geschaffen werden, indem man den Serien der einzelnen Werkstätten eine 0 vorsetzt, so daß die Unkosten-Materialabforderungszettel der Schlosserei mit Serie Nr. 01, der Dreherei mit Serie Nr. 010 000 usw. versehen sein würden.

Bei dieser Zettelkontrolle ist vor allen Dingen zu beachten, daß die einzelnen Betriebsabteilungen auch die ungültigen Materialabforderungszettel der Bewertungsabteilung abzuliefern haben, damit die Bewertungsabteilung nicht unnötige Reklamationen hat.

Die Werkstatt fordert nicht nur vom Lager Materialien ab, sondern sie kommt auch vielleicht in die Lage, Materialien an das Lager abzuliefern, wie z. B. Materialien, die bei Ausführung des Auftrages zurückgeblieben sind usw. Andererseits müssen Rücklieferungen, die von Kunden erfolgen, auch dem Lager überwiesen werden können. Für diese Fälle ist der sog. „**Rücklieferungszettel**" (Formular 2) vorgesehen. Jeder gut organisierte Betrieb muß darauf dringen, daß die Werkstätten alle für die Ausführung der einzelnen Aufträge nicht mehr zur Verwendung kommenden Teile und Materialien sofort an das betreffende Lager abzuliefern haben, damit sich in der Nachkalkulation

Lagerstempel Datum der Ablieferung .... Lager-Nr. .... Unterschrift des Lagerverwalters:..	**Rücklieferungszettel.** Von Werkstatt:..... An Lager Nr.:.............. Datum:................ Unterschrift des Werkmeisters:............	Laufende Nr.: *1021* Auftrags-Nr.:.......... Von {Absender und Anlage:............ An Lager:................

An-zahl	Gegenstand	Abmessungen bzw. Gewichte	Grundpreis			Gesamtwert	
			für	Mk.	Pf.	Mk.	Pf.

Für Lagerbewertung:

Im Lagerbestandsbuch als Zugang verbucht:

Seite:....................

Datum: ....

Unterschrift: ....

Für Nachkalkulation bzw. Unkostenabteilung:

Verbucht am: ....

Unterschrift: ....

Formular 2.

ein richtiges Bild der Aufwendungen, die bei der Ausführung der einzelnen Aufträge entstanden sind, ergibt. Die Werkstatt darf daher nicht etwa Schrauben, die sie von einem früheren Auftrage noch übrig hat, stillschweigend für einen neuen Auftrag verwenden, so daß die Nachkalkulation einerseits keine Kenntnis erhält, daß vom ersten Auftrage Schrauben zurückgeblieben sind, andererseits daß für den zweiten Auftrag Schrauben verwendet wurden, und deshalb die Aufträge unrichtig abrechnen müßte. Die Werkstatt muß vielmehr das ganze Material, das sie von einem Auftrage übrig behält, mittels Rück-

Monat: *März*

Lfd. Nr.	Datum des Güter-eingangs	Absender	Versand-station	Auf-trags-Nr.	Waren-ein-gangs-meldung Nr.	Nr. des Fracht-briefes	Anzahl und Art der Güter-stücke	Zeichen und Nummer der Güter-stücke	Inhalt	Gewicht kg
1	*2. 3. 1920*	*N. N.*	*Halle*	*40 315*	*8037*	*81 165*	*1 Wag.*	*X. 31 175*	*Maschinen-teile*	*10 220*
2										

[1]) Das Eingangsfrachtenkonto wird von vornherein mit allen entrichteten Kontos am Schlusse jedes Monats muß daher immer 0 sein.

Formular 2a. Einlieferungszettels an das Lager abliefern und für den neuen Auftrag neues Material anfordern.

Der Rücklieferungszettel wird von der Werkstatt auch mit zwei Durchschriften ausgefertigt, nimmt denselben Gang wie der Materialabforderungszettel, nur wird er von den betreffenden Lägern und der Bewertungsabteilung nicht als Abgang, sondern als Zugang verbucht. Die Rücklieferungszettel erhalten dieselben Nummernserien wie die Materialabforderungszettel — sowohl Kundenaufträge als auch Unkostenaufträge betreffend — und werden ebenso der Nachkalkulation überwiesen wie die Materialabforderungszettel.

Wie oben erwähnt, wird der Rücklieferungszettel auch dazu verwendet, um von Kunden zurückgelieferte Teile an die einzelnen Läger zu überweisen. Für die Erledigung dieser Rücklieferungen ist die Warenannahme zuständig. Die Warenannahme hat die Pflicht, für jede Rücklieferung vor allen Dingen die Auftragsnummer festzustellen, welche für dieselbe in Betracht kommt. Dieses geschieht unter Hinzuziehung der einzelnen technischen Vertriebsabteilungen sowie der Einkaufsabteilung. Für jede Rücklieferung muß die Warenannahme zu gleicher Zeit die Eingangsfracht festlegen. Zu diesem Zwecke führt sie das „Eingangsfrachtenbuch“, wo neben der Fracht für die Lieferungen der Lieferanten auch die Eingangsfracht für die Rücklieferungen erscheint. Die Eingangsfrachten gehen zu Lasten „Lieferantenmaterialienkonto“ und müssen auch mit den einzelnen Auftragsnummern versehen sein, damit die Nachkalkulation imstande ist, diese Eingangsfrachten auf die einzelnen Auftragsnummern zu verbuchen. (Formular 2a.)

Auf die Verbuchung der Materialabforderungs- und Rücklieferungszettel in der Nachkalkulation komme ich im vierten Abschnitte zurück.

1920.

Es entfallen auf: Eingangsfracht		Frachtenstempel		Nebengebühren		Gesamtbetrag		Am Monatsschluß von der Hauptbuchhaltung zu verbuchen: per: untenstehende Konten an: Eingangsfrachten-Kto.[1] Vorratsmaterialienkonto		Lieferantenmaterialienkonto		Allgem. Unkostenkonto		Buchungszeichen der Hauptbuchhaltung		Von Nachkalkulation bzw. Unkosten-Abteilung auf die Auftrags-Nrn. übertragen		Bemerkungen
ℳ	₰	ℳ	₰	ℳ	₰	ℳ	₰	ℳ	₰	ℳ	₰	ℳ	₰	Datum	Unterschrift	Datum	Unterschrift	
606	*45*	*3*	—	.	.	*609*	*45*	.	.	*609*	*45*	.	.	*31.3.20*	*N. N.*	*5.4.20*	*N. N.*	
				.														

Eingangsfrachten belastet und durch diese Aufteilung erkannt. Der Saldo dieses

gangsfrachtenbuch.

Die Lieferantenrechnung. Alle von den Unterlieferanten für die einzelnen Aufträge ausgeführten Arbeiten bzw. angelieferten Materialien usw. werden in der Nachkalkulation an Hand der Lieferantenoriginalrechnungen verbucht. Da im Betriebe eine Stelle vorhanden sein muß, die für die richtige Erledigung der Unterlieferantenrechnungen verantwortlich ist, so wird am besten eine sog. Rechnungskontrollabteilung eingerichtet. Die Rechnungskontrolle, deren Tätigkeit in der Einleitung beschrieben ist, hat vor allen Dingen beim Eingange der Rechnungen darauf zu achten, daß die Rechnungen von den Lieferanten mit den Auftragsnummern versehen wurden, für welche die Lieferungen bestimmt sind. Zu diesem Zwecke wird, wie eingangs bereits erwähnt, dem Lieferanten von der Einkaufsabteilung bei der Bestellung die Auftragsnummer angegeben, für welche seine Lieferung in Betracht kommt, und der Lieferant muß darauf aufmerksam gemacht werden, daß Rechnungen ohne angezogene Auftragsnummern zurückgewiesen werden. Die eingegangenen Rechnungen werden nun an Hand der auf den einzelnen Rechnungen erscheinenden Auftragsnummern von der Rechnungskontrolle in solche für Kunden-, Unkosten- und Vorratsaufträge eingeteilt und erhalten hierauf einen Anhänger (Formular 3). Dieser Anhänger wird am besten an die Rechnung geklebt und hat den Zweck, daß jeder in Betracht kommenden Abteilung Gelegenheit gegeben wird, die Richtigkeit der Rechnung und die Verbuchung derselben gegenzuzeichnen. Hierauf werden die Rechnungen mit fortlaufenden Nummern — Rechnungsnummern — versehen, wobei die Rechnungen für Kundenaufträge, für Vorratsaufträge und für Unkostenaufträge getrennte Nummernserien erhalten. So kann man den Rechnungen für Kundenaufträge die Serie 20 000, den Rechnungen für Vorratsaufträge die Serie 10 000 und den Rechnungen für Unkostenaufträge die Serie 1 geben. Die so mit den Rechnungsnummern versehenen Rechnungen werden hierauf täglich in ein sog. „Eingangsrechnungsbuch“ eingetragen. Das Eingangsrechnungsbuch enthält folgende Rubriken: „Laufende Nr., Datum des Einganges, Rechnungs-Nr., Betrag, Name und Ort der Lieferfirma, Zu belasten: Vorratsmaterialienkonto, Lieferantenmaterialienkonto, Allgemeines Unkostenkonto, Ausgangsfrachtenkonto und Verschiedene Nebenkostenkonto, Buchungszeichen der Hauptbuchhaltung.“ Durch dieses Eingangsrechnungsbuch werden in der Hauptbuchhaltung die einzelnen Lieferanten erkannt und mit der Gesamtsumme des Monats die betreffenden Aufwendungskonten belastet. Gleichzeitig mit der Eintragung der Rechnungen in das Eingangsrechnungsbuch fertigt die Rechnungskontrolle täglich Listen der tagsüber eingegangenen Rechnungen an, und zwar getrennt nach Rechnungen für Kundenaufträge, Vorratsaufträge und Unkostenaufträge. Diese Listen können kurz „Kontrolllisten" genannt werden und enthalten folgende Rubriken: Links oben in der Ecke die fortlaufende Nummer der Liste, dann Rechnungsnummer, Datum der Rechnung, Betrag, Lieferant, in Nachkalkulation (Bewertungsabteilung, Unkostenabteilung), verbucht am ... Durchschläge dieser Kontrollisten erhalten täglich: die Einkaufsabteilung, die Nachkalkulation (nur Kundenaufträge betreffend), die Lagerkontroll- und Bewertungsabteilung (nur Vorratsbestellungen betreffend) und die Unkostenabteilung (nur Unkostenaufträge betreffend). Hierauf kommen die einzelnen Rechnungen, wieder getrennt nach den drei Auftragsarten, in sog. „Tagesmappen", die alle Rechnungen laut Kon-

Monat: *Januar* 192*0*.

Lfd. Nr.	Datum des Rechnungseingangs	Rechnungs-Nr.	Rechnungs-Betrag		Name und Ort der Lieferfirma	Zu belasten [1]) [2]) Vorratsmaterialienkonto		Lieferantenmaterialienkonto		Ausgangsfrachtenkonto		Verschiedene Nebenkostenkonto		Allgem. Unkostenkonto		Buchungszeichen der Hauptbuchhaltung
			ℳ	₰		ℳ	₰	ℳ	₰	ℳ	₰	ℳ	₰	ℳ	₰	
1	*9. 1. 20*	*20120*	*8060*	–	*Gesellschaft für Elektroteile, Bln.*	*3000*	–	*5060*	–							*N. N. 15. 1. 20*
2																
3																

Formular 2 b. Eingangsrechnungsbuch.

Tag des Eingangs: *9. I.* 192*0*. Nr.: *5*.

Rechnungs-Nr.	Datum der Rechnung	Betrag		Name und Ort der Lieferfirma	Buchungszeichen der Nachkalkulation (Lagerbewertung, Unkostenabteilung) Datum	Unterschrift
20 120	*5. 1. 20*	*8060*	—	*Gesellschaft f. Elektroteile, Bln.*	*20. 1. 20*	*N. N.*

Formular 2 c. Eingangsrechnungen-Kontrolliste.

[1]) Für ein Eingangsrechnungsbuch kommen nur obige fünf Konten in Betracht.

[2]) Die einzelnen Aufwendungskonten werden in der Hauptbuchhaltung **monatlich in der Gesamtsumme** belastet. Das Buchungszeichen der Hauptbuchhaltung in den einzelnen Spalten bezieht sich daher lediglich auf die Erkennung des Lieferantenkontos.

Heftrand:

Betr.: Auftrags-Nr.: ...... Lieferanten-Rechnung Nr.: ...... Jahr: .....

Für Einkaufsabteilung Art der Nachprüfung	Datum	Unterschrift	Für Versandabteilung Art der Nachprüfung	Datum	Unterschrift
Richtigkeit gemäß Eingangsmeldungen			Lt. Versandanzeige Nr. ..... direkt geliefert		
Richtigkeit der Preise und Ausrechnung			Richtigkeit der etwaigen Fracht- und Zollsätze		
Richtigkeit der Zahlungsbedingungen			Fracht- und Zollsätze weiterberechnet durch:		
usw.			usw.		
usw.			usw.		

Für Rechnungsabteilung Art der Nachprüfung	Datum	Unterschrift	Für Aufstellungsabteilung Art der Nachprüfung	Datum	Unterschrift
Rechnung ist berechnet durch Rechnungs-Nr.:			Die Richtigkeit d. direkt. Lieferung bestätigt durch Bauleiter		
Rechnung steht im Einklange mit unserem Verkaufspreis			Die Richtigkeit der Menge und Preise bestätigt durch Bauleiter		
usw.			usw.		
usw.			usw.		

		Datum	Unterschrift
Rechnungsabzüge	lt. Hilfsmem. .... Seite .... für .... M ....,.....		
	dito .... dito .... dito .... M. ....,.....	....	....
Rechnungs-Zusätze	dito .... dito .... dito .... M. ....,.....		
	dito .... dito .... dito .... M. ....,.....	....	....

	Datum	Unterschrift
1) Rechnungskontrolle; Verbucht auf Konto: (Das betr. Aufwendungsk.) M. ......,.....		
2) desgl. „ „ „ .... M. ......,.....		
3) Nachkalkulation: „ „ „ .... M. ......,.....		
3) Unkostenabteilung: „ „ „ .... M. ......,.....		
4) Hauptbuchhaltung: Endgültiger Rechnungsbetrag M. ......,..... ab Skonto M. ......,..... bleibt M. ......,..... ab etwa bereits geleistete Anzahlung M. ......,..... verbucht auf K. Kt. Kto. M. ......,.....		
5) Kasse: Gezahlt durch: ....(Postscheck usw.)........ M. ......,.....		
6) Rechnungskontrolle: Rechnung erledigt u. kann abgelegt werden.		

Formular 3.

trolliste des betreffenden Tages enthalten, und nehmen in diesen Tagesmappen den Lauf durch die einzelnen Abteilungen des Hauses, die die Richtigkeit der Auftragsnummer, der Preise usw. festzustellen haben. Nachdem die Rechnungen einer Tagesmappe überall erledigt worden sind, kommt diese Tagesmappe, Kundenaufträge betreffend, nach der Nachkalkulation, die die Rechnungen als Aufwendungen zu verbuchen hat. Wie dieses in der Nachkalkulation geschieht, werden wir im IV. Abschnitte sehen. Zu bemerken wäre aber, daß es in der Praxis nicht immer möglich ist, daß alle Rechnungen einer Tagesmappe in den einzelnen Abteilungen auf einmal erledigt werden können. Es wird immer nötig sein, daß die eine oder andere Rechnung, z. B. in der Einkaufsabteilung, zurückbleibt, da in der Rechnung Differenzen auftreten, die erst brieflich erledigt werden müssen. In diesem Falle legt der betreffende Beamte, der die Rechnung entnimmt, in die Tagesmappe einen Quittungszettel, aus dem zu ersehen ist, daß er die Rechnung Nr. . . . aus der Tagesmappe entnommen hat. Diese einzelnen, aus den Mappen entnommenen Rechnungen gelangen nach Erledigung durch die betreffende Abteilung nach der Rechnungskontrolle lose zurück, und diese bringt diese Rechnungen in eine „gemischte Mappe", die dann auch in die Nachkalkulation gelangt. (Formular 2b und 2c.)

Als Ergänzung zur Unterlieferantenrechnung und als Dokument auf Grund dessen die Rechnung anerkannt wird, könnte man eine sogenannte „Eingangsmeldung" einführen (Formular 4). Die Ein-

Wareneingangsmeldung.

Laufende Nr. ....

Betrifft: ....
(Ort der Anlage)

Auftrags-Nr. ....

Am .... sind eingegangen von Firma: ....

Ort: .... Datum der Absendung: .... durch

Frachtgut — Eilgut — Waggon — Post — Boten (Zutreffendes unterstreichen) und

an Lager: .... überwiesen am: ....

Anzahl	Gegenstand	Abmessungen	Gewicht

Anteilige Eingangsfracht für obige Sendung:	Bestätigung des Wareneinganges durch Warenannahme	Bestätigung der Verbuchung durch die Nachkalkulation
Mk.	Unterschrift: .... Datum:	Unterschrift: .... Datum: ....

Formular 4.

gangsmeldung wird mit 2 Durchschriften von der Warenannahme ausgeschrieben, wenn die Lieferung eines Unterlieferanten eingeht. Vor allen Dingen muß die Warenannahme die richtige Auftragsnummer auf dieser Eingangsmeldung vermerken und auch die Eingangsfracht usw., die für die Lieferung entrichtet wurde. Während die eine Durchschrift die Einkaufsabteilung erhält, um an Hand derselben die Lieferantenrechnung erledigen zu können, gelangt die zweite Durchschrift, soweit sie Kundenaufträge betrifft, in die Nachkalkulation, wo die Lieferung des Lieferanten auf Grund dieser Meldung sofort verbucht wird, so daß an Hand der später eintreffenden Rechnung nur noch die Preise für die betreffende Lieferung eingesetzt werden müssen. Durch das sofortige Verbuchen der Eingangsmeldung ist die Nachkalkulation in der Lage, die angelieferten Teile schon vor Eintreffen der Rechnung verbuchen zu können, was öfters sehr angebracht ist, wenn z. B. Rechnungen wegen größerer Differenzen usw. nicht so schnell nach der Nachkalkulation gelangen können. —

Das Hilfsmemorial. Eine sehr wichtige Einrichtung eines kaufmännischen Betriebes ist das sogenannte „Hilfsmemorial“ (Formular 5). Wie der Name schon besagt, ist es ein Unterbuch zum Hauptmemorial der Buchhaltung, mit dessen Hilfe man Buchungen vornehmen kann. In jedem Betriebe kommt es nämlich öfters vor, daß man brieflich Belastungen und Erkennungen von Lieferanten und Kunden vornehmen muß, wie sie z. B. bei Differenzen in Lieferantenrechnungen usw. sich ergeben können. Um diese einzelnen Buchungen irgendwo schriftlich niederzulegen, bedient man sich des Hilfsmemorials. Das Hilfsmemorial ist also ein Buch, durch welches alle briefliche Belastungen oder Gutschriften von Kunden und Lieferanten der Hauptbuchhaltung mitgeteilt werden. Auf Grund des Hilfsmemorials, also nicht auf Grund des Briefes, nimmt die Hauptbuchhaltung die betreffende Buchung vor. Da fast jede kaufmännische Abteilung des Hauses einmal in die Lage kommt, solche brieflichen Belastungen oder Erkennungen vorzunehmen, muß jede kaufmännische Abteilung im Besitze eines Hilfsmemorials sein. Buchungsaufgaben, die der

„V“

Lfd. Nr.	Datum	Auf-trags-Nr.	Betrag		Zu belasten	Zu erkennen	lt. Brief {an / von	Ausführliche Begründung der Buchung	Gegenzeichen des verantwortlichen Abteilungsleiters	Buchungsvermerk der Buchhaltung		Verbuchungszeichen der Nachkalk. oder Unkostenabt.	Bemerkungen
			ℳ	₰						Hauptmem.	Seite		

Formular 5.

Hauptbuchhaltung ohne vorherige Eintragung in das Hilfsmemorial übergeben werden, dürfen von derselben nicht verbucht werden. Diese Maßnahme muß getroffen werden, damit der Nachkalkulation Buchungen, die zur Belastung oder Erkennung der einzelnen Aufwendungskonten führen, nicht verlorengehen. Jedes Hilfsmemorial wird am besten mit dem Anfangsbuchstaben der betreffenden Abteilung, die darin ihre Buchungen vornimmt, bezeichnet; so würde beispielsweise das Hilfsmemorial der Einkaufsabteilung „E", das der Versandabteilung „V" usw. heißen. Die Nachkalkulation führt ein Verzeichnis aller vorhandenen Hilfsmemoriale und holt dieselben von Zeit zu Zeit heran, um die darin enthaltenen Buchungen zu übertragen. Näheres über das Hilfsmemorial bringt der Abschnitt „Das Verbuchen der Aufwendungen in der Nachkalkulation".

Lohnzettel.

Werkstatt: .... Lohnzettel Nr. ....

Jahr: .... **Auftrags-Nr.** .... Lohnwoche: ....

Name: .... beschäftigt als: .... Stichwort: ....

Berechnung der Zeit-Arbeit	Mo.	Di.	Mi.	Do.	Fr.	So.	St.	Summe der Stunden	Lohnsatz	Lohnbetrag Mk.	Lohnbetrag Pf.	Unterschrift des Werkmeisters: ....
												Buchungszeichen des Lohnbüros: ....
												Buchungszeichen der Nachkalkul. bzw. Unk.-Abt.
Summa:												

Arbeit ausgeführt: ....(Unterschrift).................... am ....

Formular 6.

Der Lohnzettel und die Lohnliste. Soll ein Auftrag in der Werkstatt ausgeführt werden, so schreibt der betreffende Meister oder besser das Betriebsbüro unter Anziehung der Auftragsnummer und des Stichwortes (Ort) dem Schlosser usw. einen „Lohnzettel" (Formular 6) aus. Ist die Arbeit ausgeführt, dann unterschreibt der Werkmeister, unter Anführung der aufgewendeten Zeit, diesen Lohnzettel; der Werkstattschreiber rechnet an Hand des Lohnsatzes des betreffenden Schlossers den Lohnbetrag aus und schickt allwöchentlich diese Lohnzettel dem Lohnbüro zu. Das Lohnbüro stellt alle vorhandenen Lohnzettel eines jeden Mannes zusammen, kontrolliert die Ausrechnung und den Lohnsatz, trägt die einzelnen Zettel in das Lohnbuch der betreffenden Woche ein, und mit der Gesamtsumme sämtlicher Löhne der Woche wird das Lohnkonto unter Erkennung der Kasse belastet, worauf das

Lohnbüro von der Kasse den Lohnbetrag der Woche ausgezahlt erhält. Die Originallohnzettel werden hierauf von der Lohnabteilung, getrennt nach Kunden-, Vorrats- und Unkostenaufträgen, mit den Endbeträgen in Listen zusammengestellt, die nur die Auftragsnummer und den Lohnbetrag als Rubriken führen, und diese Listen gelangen dann mit den dazu gehörenden Originallohnzetteln nach der Nachkalkulation bzw. Unkostenabteilung. Die Gesamtsumme beider Listen muß selbstverständlich die Gesamtsumme des Lohnbetrages ergeben, der aus dem Lohnbuche hervorgeht und der tatsächlich in der betreffenden Woche ausgezahlt wurde. Auf diese Weise kann kein Lohnzettel verlorengehen, und die Nachkalkulation bzw. Unkostenabteilung hat eine Kontrolle, daß sie alle Lohnzettel der Woche erhalten hat.

Außer dem Lohnzettel gibt es auch „Akkord“- und „Abschlagzettel“. Erstreckt sich nämlich ein Akkord auf eine längere Zeit, so wird dem betreffenden Schlosser usw. vom Werkmeister ein Vorschuß auf seinen Akkord angewiesen, und dieses geschieht mittels des Abschlagzettels. Die Akkord- und Abschlagzettel nehmen sonst den üblichen Gang wie die Lohnzettel, nur wird jeder Abschlag auf den Akkordzettel notiert und nach Beendigung des Akkordes der Akkordzettel abgerechnet.

Zu bemerken wäre, daß der Werkmeister bei den Lohnzetteln vor allen Dingen auf die Anziehung der richtigen Auftragsnummer zu achten hat, denn nur dann lassen sich Reklamationen der Nachkalkulation bzw. Unkostenabteilung vermeiden.

Ebenso wie die Werkstattabteilung ihre Lohnzettel hat, hat die „Aufstellungsabteilung“ (Montageabteilung) ihre „Lohnlisten“. Wird nämlich eine Montage ausgeführt, so hat der Bauleiter oder Montagemeister die Pflicht, wöchentlich Lohnlisten einzureichen. Diese Lohnlisten müssen die Auftragsnummer, Ort der Aufstellung, Lohnwoche, Name des Bauleiters usw. und dann die Namen der einzelnen auf den Bau beschäftigten Arbeiter mit ihren Wochenlöhnen enthalten. Außer den Löhnen muß die Lohnliste auch die Abrechnung der an Ort und Stelle vom Bauleiter gezahlten Krankenkassen- und Invalidenversicherungsbeiträge aufweisen. Diese Lohnlisten werden hierauf nach Eingang von der Aufstellungsabteilung geprüft und in das „Aufstellungslöhne-Aufgabebuch“ eingetragen. Dieses Aufgabebuch müßte folgende Rubriken enthalten: „Lohnwoche, Auftragsnummer, Betrag, Ort der Aufstellung und Art der Anlage, Name des Montagemeisters usw., zu verbuchen zu Lasten: Lohnkonto, Lieferantenmaterialienkonto, Reiseauslagenkonto, Allgemeines Unkostenkonto, Verbuchungszeichen der Nachkalkulation und Unkostenabteilung.“ — Zu gleicher Zeit mit der Verbuchung der Aufstellungslöhne im Aufgabebuche erkennt die Aufstellungsabteilung in ihrem Hilfsmemorial das Konto (Vorschußkonto usw.) des betreffenden Montagemeisters und belastet das Lohnkonto. Die Summe aller dieser Belastungen des Lohnkontos in einer Woche muß mit der Endsumme der Löhne laut Aufstellungslöhne-Aufgabebuch der betreffenden Woche übereinstimmen. Die sonstigen Auslagen des Montagemeisters oder Bauleiters, die auf der Lohnliste mit aufgeführt sind, wie Fahrgelder, Hilfsmaterialien, die auf der Baustelle gekauft wurden, Krankenkassen- und Invaliditätsbeiträge usw., führt die Aufstellungsabteilung auch im Aufstellungslöhne-Aufgabebuche auf, belastet aber für diese Auslagen die anderen Aufwendungskonten wie Lieferantenmaterialienkonto, Allgemeines Unkostenkonto usw. Parallel mit diesen Eintragungen in das Aufgabebuch geschieht auch die Buchungsaufgabe an die Hauptbuchhaltung, indem die Aufstellungsabteilung in ihrem Hilfsmemorial das Lieferantenmaterialienkonto, Reiseauslagenkonto und Allgemeines Unkostenkonto belastet und das Konto des Montagemeisters erkennt.

Z. B.: Im Aufgabebuche erscheinen in Woche 3:

						Zu verbuchen zu Lasten								
Lohnwoche	Auftrags-Nr.	Betrag		Ort und Art der Anlage	Name des Montagemeisters	Lieferantenmaterialienkonto		Lohnkonto		Reiseauslagenkonto		Unkostenkonto		Buchungszeichen der Nachkalk. und Unk.-Abt.
3	*30 120*	*360*	*20*	*Beuthen*	*Lehmann*	*10*	*50*	*270*	—	*40*	—	*39*	*70*	
3	*30 450*	*1660*	*80*	*München*	*Müller*	*60*	*30*	*1400*	—	*80*	*50*	*120*	—	
3	*31 020*	*890*	*30*	*Soldau*	*Schulz*	*5*	*10*	*802*	*20*	*50*	*40*	*32*	*60*	
3	*31 560*	*2930*	*10*	*Karlsruhe*	*Friedrich*	*100*	*30*	*2620*	*10*	*100*	*40*	*109*	*30*	
		5841	*40*			*176*	*20*	*5092*	*30*	*271*	*30*	*301*	*60*	

Formular 7.

Die Buchung, die zu gleicher Zeit durch das Hilfsmemorial der Hauptbuchhaltung aufgegeben wird, würde lauten:

Per: Lieferantenmaterialienkonto . . Mk. 176,20
,, Lohnkonto . . . . ,, 5092,30
,, Reiseauslagenkonto . . . . . ,, 271,30
,, Allgemeines Unkostenkonto . . ,, 301,60
An: Vorschußkonto Montagemeister Lehmann . . . . Mk. 360,20
,, ,, ,, Müller . . . . . ,, 1660,80
,, ,, ,, Schulz . . . . . ,, 890,30
,, ,, ,, Friedrich . . . . ,, 2930,10

Durch diese Buchungsart ist der Ring geschlossen und sie bürgt daher für eine lückenlose Erfassung aller Aufwendungen, die durch die Aufstellungsabteilung gehen. Das Aufstellungslöhne-Aufgabebuch gelangt hierauf monatlich in die Nachkalkulation, von der die Verbuchungen der einzelnen Aufwendungen laut Aufgabebuch vorgenommen werden. Auf diese Verbuchungen komme ich im vierten Abschnitte noch zurück.

Das Ausgangsfrachtenbuch. Das Ausgangsfrachtenbuch kommt nur für eigene Ausgangsfrachten in Betracht. Dasselbe wird am besten von der Versandabteilung geführt und soll etwa folgende Rubriken aufweisen können: „Laufende Nummer, Datum, Auftragsnummer, zu Lasten Ausgangsfrachtenkonto Mk., zu Lasten Allgemeines Unkostenkonto Mk., Besteller und Ort, Gegenstand, Waggonnummer, Gewicht, Verbuchungszeichen der Nachkalkulation." Am Monatsschlusse gelangt das Ausgangsfrachtenbuch in die Hauptbuchhaltung und die Ausgangsfrachten des ganzen Monats werden in einer Summe zu Lasten Ausgangsfrachtenkonto oder Allgemeines Unkostenkonto, zugunsten Güterabfertigung verbucht. Hierauf kommt das Ausgangsfrachtenbuch zum Verbuchen in die Nachkalkulation.

Das Provisionsüberwachungsbuch. Die Provisionen kann man in zwei Gruppen einteilen, in solche für Heranschaffung der Aufträge und in solche für Abgaben (Verbandsabgaben usw.). Diese Provisionen erhält die Nachkalkulation nur durch das „Provisionsüberwachungsbuch". Das Provisionsüberwachungsbuch selbst wird am besten von der Rechnungsabteilung geführt, da diese Abteilung an erster Stelle die notwendigen Unterlagen schon bei Niederlegung der Aufträge erhält. Die Rubriken des Provisionsüberwachungsbuches wären: „Laufende Nummer, Datum, Auftragsnummer, Rechnungsbetrag, Besteller und Ort, Gegenstand, Provisionsempfänger, Provisionspflichtiger Betrag, %, Höhe der Provision, Zu verbuchen zu Lasten Provisionskontos Mk., Überwiesen am: ... Mk.:. Gegenzeichen des Abteilungsleiters, Buchungsvermerk der Hauptbuchhaltung, Verbuchungsvermerk der Nachkalkulation."

Monat: *Fe-*

Lfd. Nr.	Datum der Rechnungserteilung	Rechnungs-Nr.	Auftrags-Nr.	Rechnungsbetrag		Besteller und Ort	Gegenstand	Provisionsempfänger	Provisionspflichtiger Betrag		Prozentsatz	Höhe der Provision. Zu verbuchen[1]). Per: Provisionskonto; an: Provisionsempfänger		Gegenzeichen des Abteilungsleiters		Buchungsbestätigung der Hauptbuchhaltung	
				M	Pf				M	Pf		M	Pf	Datum	Unterschrift	Datum	Unterschrift
1	*12. 2. 19*	*1890*	*47685*	*1845*	–	*X. X.*	*X.*	*Y.*	*1845*	–	*6 %*	*110*	*70*	*18. 2. 20*	*X. X.*	*20. 2. 20*	*X. X.*

Formular 7 a.

[1]) Das Provisionskonto wird **monatlich mit der Gesamtsumme** aller fest-

Der Vorgang bei der Provisionsabwicklung ist folgender: Wird ein Auftrag von einem Vertreter eingebracht, so wird bei der Niederlegung des Auftrages im Auftragseingangsbuche vermerkt, daß der Auftrag provisionspflichtig ist. Ist der Auftrag ausgeführt und die Rechnung an den Kunden erteilt, so wird an Hand der Bemerkung laut Auftragsbuch, im Provisionsüberwachungsbuch eine Buchung vorgenommen, durch welche die Höhe der Provision vor allen Dingen festgestellt wird. Nach Abschluß des Monats gelangt das Provisionsüberwachungsbuch in die Hauptbuchhaltung. Hier wird das Provisionskonto mit der Gesamtsumme aller im betreffenden Monate eingetragenen Provisionen belastet und die Konten der einzelnen Provisionsempfänger erkannt. Ist dieses geschehen, so gelangt das Provisionsüberwachungsbuch in die Nachkalkulation, von der die einzelnen Provisionen als Aufwendungen verbucht werden (siehe auch IV. Abschnitt). Soll dann z. B. nach einem Vierteljahre die Abrechnung mit dem Provisionsempfänger stattfinden, so überzeugt sich die Rechnungsabteilung, welche provisionspflichtigen Rechnungen bereits bezahlt worden sind, und weist daraufhin unter Ausfüllung der Rubrik: „Überwiesen am: ... Mk....“, dem Provisionsempfänger für diese Rechnungen die Provision an. Durch die Zahlung wird der Provisionsempfänger belastet, die Kasse erkannt, und der Ring ist wieder geschlossen (Formular 7a).

Mit den Abgaben verhält es sich genau so. Es wird ein Abgabenüberwachungsbuch eingerichtet, das am besten von der Hauptbuchhaltung selbst geführt wird. Alle Buchungen dieses Buches gehen ebenfalls zu Lasten des Provisionskontos.

Das Lizenzüberwachungsbuch. Die Lizenzen werden ebenso von der Rechnungsabteilung überwacht wie die Provisionen. Das betreffende Überwachungsbuch wird „Lizenzüberwachungsbuch“ genannt und alle

bruar 1919.

Von Nachkalkulation auf die Kalkulationskarten übertragen		Von Hauptbuchhaltung auszufüllen — Vom Rechnungsbetrage eingegangen			Für Rechnungsabzüge zurückzubuchende Provision — Per: Provisionsempfänger; an: Provisionskonto		Buchungsbestätigung der Hauptbuchhaltung		Von Nachkalkulation dem Auftrage gutgebracht		Von Rechnungsabteilung auszufüllen: Dem Provisionsempfänger überwiesen				Bemerkungen
Datum	Unterschrift	Datum	ℳ	₰	ℳ	₰	Datum	Unterschrift	Datum	Unterschrift	Datum	Unterschrift	ℳ	₰	
1. 3. 20	*X. X.*	*20. 3. 20*	*1800*	—	*2*	*70*	*24. 3. 20*	*X. X.*	*25. 3. 20*	*X. X.*	*30. 3. 20*	*X. X.*	*108*	—	*Rechnungsabzug erfolgte für Verpackung*

gestellten Provisionen belastet, nicht etwa durch jede Einzelbuchung.

Formular 7a.

Buchungen desselben gehen zu Lasten des Lizenzkontos. Die Einrichtung des „Lizenzüberwachungsbuches“ könnte ebenso wie die des Provisionsüberwachungsbuches erfolgen. —

Das Reiseauslagen- und Reisegehälter-Überwachungsbuch. Die Auslagen für Reisen usw. müssen von den Reiseingenieuren und Bauleitern entweder durch monatliche Bauabrechnungen oder durch die sogenannte „Auslagenaufgabe“ aufgegeben werden. Aus der Auslagenaufgabe muß hervorgehen, für welchen Auftrag die Auslage erfolgte, und außerdem soll dieselbe eine Spezifikation der Auslagen bringen. Die Auslagenaufgabe bildet zu gleicher Zeit eine Zahlungsanweisung, an Hand welcher der betreffende Ingenieur usw. nach erfolgter Gegenzeichnung der leitenden Stellen des Hauses, an der Kasse seine Auslagen erhebt. Während also die Bauabrechnung die Abrechnung eines Bauleiters darstellt, stellt die Auslagenaufgabe die Abrechnung für eine Reise oder irgendwelche Ausgaben usw. dar. Alle Bauabrechnungen und Auslagenaufgaben gelangen hierauf am besten in die Unkostenabteilung. Diese Abteilung zerpflückt die Bauabrechnungen und Auslagenaufgaben nach Auslagen für Materialien, für Reisen bzw. Fahrgelder und direkten Unkosten. An Hand des Monatsgehaltes des betreffenden Bauleiters oder Ingenieurs, der die Reise unternommen hat, errechnet hierauf die Unkostenabteilung den betreffenden Betrag, der vom Gehaltskonto, entsprechend den verwendeten Reisetagen, auf das Reisegehaltskonto umgebucht werden muß, damit der Auftrag auch das Gehalt, das doch sonst zu Lasten des Unkostenkontos geht, für die Zeit trägt, die der Ingenieur für die Reise oder der Bauleiter auf der Baustelle verbraucht hat. Die so zerpflückte Abrechnung bringt die Unkostenabteilung durch ihr Hilfsmemorial dem Konto des betreffenden Bauleiters gut und belastet die einzelnen in Betracht kommenden Aufwendungskonten. Zu gleicher Zeit trägt die Unkostenabteilung diese Abrechnung in das „Reiseauslagen- und Reisegehälter-Überwachungsbuch“ ein. Dieses Überwachungsbuch müßte mit folgenden Rubriken versehen sein: „Fortlaufende Nummer, Datum der Abrechnung, Name des Bauleiters usw., Betrag, Auftrags-Nummer, Besteller und Ort, Gegenstand, in der Nachkalkulation (Unkostenabteilung) zu verbuchen zu Lasten: Lieferantenmaterialienkonto Reiseauslagenkonto, Reisegehälterkonto, Verschiedene Nebenkostenkonto, Allgemeines Unkostenkonto, Gegenzeichen des Abteilungsleiters, Verbuchungsvermerk der Nachkalkulation bzw. Unkostenabteilung, Bemerkungen“. Das Überwachungsbuch dient also lediglich dazu, um der Nachkalkulation bzw. der Unkostenabteilung die einzelnen Aufwendungen aufgeben zu können, während das Konto des betreffenden Bauleiters usw., wie bereits oben erwähnt, durch eine getrennte Buchung, die im Hilfsmemorial der Unkostenabteilung vorgenommen wurde, erkannt wird. Durch diese Hilfsmemorialbuchungen darf die Unkostenabteilung selbstverständlich nur diejenigen Konten erkennen, die die Kasse durch die Zahlungen belastet hat. Belastet z. B. die Kasse bei Zahlungen für Extraarbeiten für bestimmte Kundenaufträge das Unkostenkonto, so muß die Unkostenabteilung durch ihr Hilfsmemorial das Unkostenkonto wieder erkennen, wenn sie diese Extraarbeiten der Nachkalkulation unter Verschiedene Nebenkostenkonto durch das oben angeführte Überwachungsbuch zum übertragen aufgibt. Die von der Unkostenabteilung errechneten Beträge „Reisegehälterkonto" betreffend müssen, da sie dem Gehaltskonto entnommen wurden, diesem Unkostenkonto auch gutgebracht werden, so daß die Unkostenabteilung monatlich in ihrem Hilfsmemorial eine Buchung vorzunehmen hat, durch die sie das „Reisegehälterkonto" belastet und das „Gehaltskonto" erkennt, und zwar mit dem Betrage, der sich aus obigem Überwachungsbuche am Schlusse der einzelnen Monate ergibt (Formular 7 b).

Monat: *Mai* 1919.

Lfd. Nr.	Laut Bau- oder Reiseabrechnung				Auftrags-Nr.	Besteller und Ort	In der Nachkalkulation zu verbuchen zu Lasten [1])						In der Unkostenabteilung zu verbuchen zu Lasten: Allgem. Unkostenkonto		Auf die Reisetage entfallende Reisegehälter: Zu verbuchen zu Lasten: Reisegehälter-Kto.		Gegenzeichen des Abteilungsleiters		Verbuchungsvermerk der Nachkalkulation bzw. der Unkostenabteilung		Bemerkungen
	Datum der Abrechnung	Name des Bauleiters usw.	Betrag				Lieferantenmaterialienkonto		Reiseauslagenkonto		Verschiedene Nebenkostenkonto						Datum	Unterschrift	Datum	Unterschrift	
			ℳ	₰			ℳ	₰	ℳ	₰	ℳ	₰	ℳ	₰	ℳ	₰					
1	*18.5. 19*	*X.X.*	*1655*	*20*	*38741*	*X.X.*	*204*	*10*	*1020*	–	*186*	*10*	*245*	–	*140*	–	*25.5. 19*	*X.X.*	*3.6. 19*	*X.X.*	

Formular 7 b.

Das „Reiseauslagen- und Reisegehälter-Überwachungsbuch" gelangt hierauf monatlich in die Nachkalkulation, die dann an Hand desselben die Übertragungen der einzelnen Aufwendungen vornimmt.

Als letzte Aufwendungsgruppe käme noch die der **Fertigstellung-Rückstellungen** in Betracht. Wie ich bereits auf Seite 13 bemerkt habe, verstehe ich unter Fertigstellung-Rückstellungen Beträge, die bei der kalkulatorischen Gewinnabrechnung eines Auftrages durch die Nachkalkulation für irgendwelche fehlende Aufwendungen zurückgestellt werden.

Das Fertigstellung-Rückstellungsverfahren kann in der Nachkalkulation sehr stark ausgebaut werden. Es soll nicht nur für feststehende,

[1]) Der Hauptbuchhaltung werden die Belastungen dieser Konten durch das Hilfsmemorial der Unkostenabteilung zugunsten der einzelnen Konten der Bauleiter usw. aufgegeben.

aber noch nicht eingegangene Aufwendungen in Verwendung kommen, sondern es soll auch für vorauszusehende oder nicht vorauszusehende Aufwendungen benützt werden. Für eine gelieferte Anlage oder für gelieferte Apparate ist z. B. eine mehrjährige Garantiezeit übernommen worden. In dieser Garantiezeit können unter Umständen noch ziemlich große Aufwendungen auflaufen. Wovon sollen diese Aufwendungen, die vielleicht erst in den nächsten Jahren erscheinen, in der Nachkalkulation gedeckt werden? Andererseits, was nützt es dem Betriebe, wenn er im Vorjahre einen erheblichen Gewinn für die ausgeführte Anlage erzielt hat, im nächsten Jahr aber für die Arbeiten der Garantiezeit einen erheblichen Betrag aufwenden muß, der den Gewinn des nächsten Jahres bedeutend schmälert? —

Aus diesem Grunde muß der Nachkalkulator bestrebt sein, die Anlage, die er abrechnet, genau in bezug auf Rückstellungen durchzuarbeiten. Er muß im obigen Falle für die Garantiezeit einen gewissen Betrag zurückstellen, der für die etwa auflaufenden Aufwendungen ausreichen soll, und diesen Betrag führt er unter „Fertigstellung-Rückstellungskonto" auf. Dadurch wird der sich herausschälende Abrechnungsgewinn kleiner, andererseits hat der Betrieb im Gegenwerte des Fertigstellung-Rückstellungskontos ein Aktivum, das später unter Umständen auch noch als Gewinn ausgeworfen werden kann, wenn die vorgesehenen Aufwendungen nicht aufgelaufen sind. Das Fertigstellung-Rückstellungskonto wird von der Hauptbuchhaltung geführt. Erkannt wird es durch die von der Nachkalkulation monatlich festgestellten Fertigstellung-Rückstellungen und belastet durch die Aufwendungen, die dann gegen diese Rückstellungen von der Nachkalkulation nachgewiesen werden, was an Hand einer Rückstellungsüberwachung erfolgt, auf die ich später noch eingehender zurückkomme.

Hiermit wären die Unterlagen der Nachkalkulation soweit behandelt, bis sie in der Nachkalkulation eintreffen, wo sie nun verbucht werden sollen. Die Feinheiten, auf die man besonders bei der Verbuchung dieser Unterlagen achten muß, wird der nächste Abschnitt bringen. Vorerst möchte ich aber die einzelnen Vorrichtungen der Nachkalkulation besprechen, die die Aufgaben haben sollen, diese einzelnen Daten aufzunehmen. —

IV. Die Nachkalkulation und ihre Tätigkeit.

Die Tätigkeit der Nachkalkulation hängt ganz und gar von der Organisaton derselben ab. Die Nachkalkulation muß so organisiert sein, daß sie in der Lage ist, ohne weiteres alle Mitteilungen, alle Buchungen, alle Rechnungen usw., die ihr vom Betriebe zugehen, aufzunehmen, dieselben richtig und übersichtlich zu verbuchen und die aufgelaufenen Aufwendungen so zu ordnen, daß das Abrechnungsergebnis eines jeden Auftrages festgestellt werden kann. Buchhalterisch muß die Nachkalkulation so organisiert sein, daß sie imstande ist, alle Aufwendungskonten, welche von der Hauptbuchhaltung geführt werden, aufzulösen, die Rückstellungen zu überwachen, die halbfertigen Teile am Jahresschlusse festzustellen und die neuen Rückstellungen für das neue Geschäftsjahr zu fixieren.

Vor allen Dingen muß die Nachkalkulation Bücher besitzen, um alle diese Aufwendungen verbuchen zu können. Bücher wiederum lassen sich nur in kleineren Betrieben einführen, da in mittleren und größeren Betrieben das betreffende Buch zu gleicher Zeit von mehreren Beamten zwecks Verbuchung der einzelnen Aufwendungen gebraucht werden würde, wodurch eine Störung der flotten Arbeit eintreten müßte. Darum ist es ratsam, für die moderne Nachkalkulation die Kartothek zu wählen. Eine solche Kartothek erfordert aber eine richtige und zweckmäßige Anpassung an die Forderungen der Nachkalkulation; ich möchte sie deshalb etwas eingehender betrachten.

1. Die Kartothek und die Registratur der Nachkalkulation.

Die Kartothek und die Registratur der Nachkalkulation soll möglichst unter Zugrundelegung der Auftragsnummern eingerichtet werden. Zu diesem Zwecke erhält die Nachkalkulation von Zeit zu Zeit von der Auftragsabteilung eine Liste der eingelaufenen Aufträge, die ihrerseits von der Auftragsabteilung mit den fortlaufenden Auftragsnummern versehen worden sind. Die Auftragsnummer ist also wie gesagt die Grundlage, auf welcher sich die Kartothek der Nachkalkulation aufbaut. Damit diese Kartothek imstande ist, alle Aufwendungen kontenweise aufzunehmen, muß sie auch mit den entsprechenden Karten ausgerüstet sein. Unter „Unterlagen der Nachkalkulation“ habe ich bereits angeführt, welche Aufwendungsarten der Nachkalkulation zugehen können; es müßten daher in der Nachkalkulation für diese Aufwendungsarten, die, wie bereits erwähnt, in „Materialien“, „Löhne“ und „Nebenkosten“ eingeteilt werden können, folgende Karten geschaffen werden:

1. Die Vorratsmaterialienkarte (Formular 8),
2. Die Lieferantenmaterialienkarte (Formular 9),
3. Die Lohnkarte (Formular 10) und
4. Die Nebenkostenkarte (Formular 11).

Diese 4 Kalkulationskarten müssen, damit sie ein einheitliches Ganzes bilden, mit einem Umschlag versehen werden, der aus einer Doppelkarte besteht, die wir „Hauptkarte“ (Formular 12) nennen wollen. Diese Hauptkarte verrichtet auch den Zweck einer Zusammenstellungs-

Vorratsmaterialienkarte.

Blatt-Nr. .... **Auftrags-Nr.** ....

Besteller: .... Ort: ....

Gegenstand: ....

lt. Materialabford.-Zettel		Anzahl	Vom Lager abgefordert oder zurückgeliefert		Pos-Nr. lt. Stückliste	Gewicht		Einheit	Für abgefordertes Material				Für zurückgeliefertes Material			
Datum der Ausgabe	Laufende Nr.		Bezeichnung der Materialien	Modell-Nr. oder Abmessungen					Einheitswert		Gesamtwert		Einheitswert		Gesamtwert	
						kg	g		ℳ	₰	ℳ	₰	ℳ	₰	ℳ	₰

Formular 8.

karte, indem die Summen der Aufwendungen der einzelnen Kalkulationskarten auf ihrer Innenseite zusammengestellt werden. Auf Grund dieser Zusammenstellung wird hierauf auf der Hauptkarte die kalkulatorische Abrechnung des betreffenden Auftrages vorgenommen. Andererseits dient die Hauptkarte zur Aufbewahrung der vier Kalkulationskarten und aller kalkulatorischen Unterlagen des Auftrages, wie Stücklisten, Meisterbeschreibungen, Materialabforderungszettel, Lohnzettel usw. —

Wie bereits oben erwähnt, erhält die Nachkalkulation von der Auftragsabteilung von Zeit zu Zeit die Liste der eingegangenen Aufträge.

Lieferantenmaterialienkarte.

Blatt-Nr. .... **Auftrags-Nr.** ....

Besteller: .... Ort: ....

Gegenstand: ....

Name und Ort des Lieferanten	lt. Eingangsmeldung		lt. Rechnung		Anzahl	Für Lieferungen und Gutschriften		Gewicht		Einheit	Für Lieferungen				Eingangsfrachten		Für Gutschriften		
	Datum	Nr.	Datum	Nr.		Bezeichnung	Modell-Nr. oder Abmessungen				Einheitswert		Gesamtwert				lt. Hilfsmem. Zeichen und Nr.	Wert	
								kg	g		ℳ	₰	ℳ	₰	ℳ	₰		ℳ	₰

Formular 9.

Lohnkarte.

Blatt-Nr. .... **Auftrags-Nr.** ....

Besteller: .... Ort: ....

Anlage: ....

Lohn-Woche	Betriebslöhne		Aufstellungslöhne		Werkstatt Gruppe I			Werkstatt Gruppe II			Werkstatt Gruppe III		
	Lohnzettel Nr.	Gesamt-Betrag	Lfde. Nr.	Gesamt-Betrag	*)	*)	*)	*)	*)	*)	*)	*)	*)

*) Die Namen der einzelnen Werkstätten, die in die betreffenden Gruppen gehören.

Formular 10.

An Hand dieser Liste läßt die Nachkalkulation für jeden Auftrag eine Hauptkarte, eine Vorratsmaterialienkarte und Lieferantenmaterialienkarte am besten in Maschinenschrift ausfertigen. Außer der Hauptkarte verfügt die Kartei für jede Auftragsnummer also immer über eine Vorratsmaterialien- und Lieferantenmaterialienkarte, während die Lohn- und die Nebenkostenkarte erst bei Bedarf ausgeschrieben werden. Die so ausgefertigte Hauptkarte wird nun mit ihren beiden Materialienkarten in die Kartothek eingereiht.

Die Kartothek ihrerseits soll aber, damit sie ihren Zweck erfüllt, aus drei Archiven bestehen, und zwar:

Nebenkostenkarte.

Blatt-Nr. .... **Auftrags-Nr.** ....

Besteller: .... Ort: ....

Anlage: ....

Datum	Hilfsmemorial			Frachten Karte Nr.	Beleg Nr.	Bezeichnung der Aufwendungen	Lieferanten Mat.-Kto. für Montagehilfsmaterial usw.	Ausgangsfrachten-Kto.			Provisions-Kto.		Lizenz-Kto.	Reiseauslagen-Kto.	Reisegehälter-Kto.	Verschiedene Nebenkosten-Kto.
	Abt.	Nr.	Seite					Ausgangsfrachten	Zölle	Versicherung	Provisionen	Abgaben	Lizenz u. Patentgebühren			

Formular 11.

№ ....

Abteilung Nr.	Besteller und Ort	Datum der Bestellung	Lieferung und Aufstellung erfolgte am	Inbetriebsetzung erfolgte am	Erteilte Rechnungen Nr.	Erteilte Rechnungen Datum	In der Nachkalkulat. abgerechnet am	Hauptabrechnung siehe Auftrag Nr.	

Gegenstand bzw. Art der Anlage	Teilabrechnung	Endabrechnung
	(Abrechnungsstempel)	(Abrechnungsstempel)

Bemerkungen der Nachkalkulation	Aufgelauf. Nachlässe etc.				Rückstellung lt. Überw.-Buch: Nr.
	Datum	Art des Nachlasses etc.	Mk.	Pf.	
					(Rückstellungsstempel)

Spezifikation der Anlage *)

Abt.Nr.	Auftrag Nr.	Gegenstand

*) (Bemerkung: Eine Anlage oder ein Apparat setzt sich aus mehreren Teilen bzw. Positionen zusammen. Für jeden Teil oder für jede Position wird eine Auftragsnummer fixiert, so daß eine größere Anlage aus mehreren Auftragsnummern besteht. Z.B. eine Hängebahnanlage: Komm.-Nr. 35 620 bis 35 635. Diese Auftragsnummern werden dann spezifiziert in obige Rubrik eingetragen.)

Abrechnungsergebnisse unter Berücksichtigung der nachträglichen Änderungen

Datum	Art der Abrechnungsänderung	Rechnungsbetrag Mk.	Rechnungsbetrag Pf.	Überschuß Mk.	Überschuß Pf.	Roh-Gewinn Mk.	Roh-Gewinn Pf.
	Abrechnungsergebnis lt. Hauptabrechnung						
	Abrechnungsergebnis unter Berücksichtigung von Nachlässen bzw. Gutschriften						
	dito						
	Abrechnungsergebnis unter Berücksichtigung der nachträglichen Aufwendungen						
	dito						
	Abrechnungsergebnis unter Berücksichtigung der Erledigung der Rückstellung						
	dito						

Formular 12 (Vorderseite).

Spalten	Auftrags-Nr.		
M. / Pf.	Vorratsmaterialienkonto		Material
M. / Pf.	Angeliefert. Material	Lieferantenmaterialienkonto	Material
M. / Pf.	Montagehilfsmaterial	Lieferantenmaterialienkonto	Material
M. / Pf.	Betrieb	Lohnkonto	Lohn
M. / Pf.	Aufstellung	Lohnkonto	Lohn
M. / Pf.	Ausgangsfrachtenkonto (Zoll, Versicherung)		Nebenkosten
M. / Pf.	Provisionskonto		Nebenkosten
M. / Pf.	Abgabenkonto		Nebenkosten
M. / Pf.	Lizenzkonto		Nebenkosten
M. / Pf.	Reiseauslagenkonto		Nebenkosten
M. / Pf.	Reisegehaltskonto		Nebenkosten
M. / Pf.	Verschiedene Nebenkostenkonto		Nebenkosten
M. / Pf.	Rückstellungskonto		
M. / Pf.	**Direkte Auslagen,** d. i. Summe aller vorstehenden Auslagen		
Nr. / M. / Pf.	Rechnungsbetrag		
M. / Pf.	Überschuß		
M. / Pf.	Betriebszuschläge auf Betriebslöhne		
M. / Pf.	Betriebszuschläge auf Aufstellungslöhne		
M. / Pf.	**Selbstkosten,** d. i. Summe aller Auslagen einschl. Zuschläge		
M. / Pf.	Rohgewinn		

Formular 12 (Innenseite).

Archiv I: „Archiv der unabgerechneten Hauptkarten",
Archiv II: „Archiv der abgerechneten Hauptkarten mit Rückstellungen" und
Archiv III: „Archiv der abgerechneten Hauptkarten ohne Rückstellungen".

Die neu ausgeschriebene Hauptkarte mit ihrer Vorratsmaterialien- und Lieferantenmaterialienkarte, wird also mit einer „I" versehen und in das unabgerechnete Archiv der Nachkalkulation eingereiht. Ist der Auftrag an den Kunden berechnet und in der Nachkalkulation kalkulatorisch abgerechnet worden, so gelangt diese Hauptkarte mit ihrem Inhalte in das Archiv „II", wenn Rückstellungen vorgesehen worden sind, die nun überwacht werden müssen, in das Archiv „III" wenn der Auftrag ohne Rückstellungen abgerechnet wurde und daher als erledigt angesehen werden kann. Vorstehende drei Archive der Nachkalkulation müssen aber einer Überwachung unterzogen werden, damit zu ersehen ist, wo die betreffende Hauptkarte, die eventuell benötigt wird, zu finden ist. Diese Überwachung der Archive erfolgt durch ein sogenanntes „Archivüberwachungsbuch". Das Archivüberwachungsbuch, das die fortlaufenden Auftragsnummern enthält, zeigt jede Veränderung, die eine Hauptkarte durchmacht. Kommt eine Hauptkarte in das Archiv „I", so wird im Überwachungsbuche unter der betreffenden Auftragsnummer eine „I" vermerkt; gelangt dieselbe Hauptkarte hierauf in das Archiv „III", so wird im Überwachungsbuche die „I" gestrichen und eine „III" vermerkt. Das Überwachungsbuch kommt vor allen Dingen für ältere Auftragsnummern in Betracht, da die laufenden Auf tragsnummern, mit denen am meisten gearbeitet wird, sich doch immer unter „I" befinden, so daß die flotte Arbeit durch die Zerpflückung der Kartothek nicht gestört wird.

Diese Archive müssen in bester Ordnung gehalten werden, da sonst bei dem starken Gebrauch der einzelnen Karten bald ein Durcheinander einreißen würde, das schwer wieder in Ordnung zu bringen ist. —

Läßt sich die Zentralisierung aller Aufwendungskarten in der Hauptkarte praktisch nicht leicht durchführen, da vielleicht die einzelnen Karten zu stark benutzt werden, so können, solange die einzelnen Aufträge kalkulatorisch noch nicht abgerechnet sind, Unterarchive in Ordnern geschaffen werden. Es würde dann ein Unterarchiv „I" der Vorratsmaterialienkarten, ein Unterarchiv „I" der Lieferantenmaterialienkarten, ein Unterarchiv „I" der Lohnkarten und ein Unterarchiv „I" der Nebenkostenkarten einzurichten sein. Die so in Ordnern untergebrachten Kalkulationskarten können leichter erreicht werden und die Arbeit geht viel schneller vor sich, als wenn die Kalkulationskarten in den Hauptkarten aufbewahrt werden. Die anderen Unterlagen des Auftrages, wie Stücklisten, Versandanzeigen, verbuchte Materialabforderungszettel usw. werden trotzdem sofort in die Hauptkarte einsortiert, wo sie liegen bleiben.

Die Unterlagen und Kalkulationskarten einer abgerechneten Hauptkarte, d. h. einer Hauptkarte aus dem Archiv „II“ oder „III“, müssen dagegen immer zusammenbleiben, da diese Hauptkarte für spätere Nachfragen usw. immer vollständig erhalten werden soll. —

2. Das Verbuchen der Aufwendungen.

Das Verbuchen der Aufwendungen geschieht in der Nachkalkulation auf den vier vorhin angeführten Kalkulationskarten. Nachdem ich nun unter „Unterlagen der Nachkalkulation“ alle möglichen Aufwendungen behandelte und ihre Festlegung im Betriebe bis zum Eintreffen in der Nachkalkulation besprochen habe, will ich in diesem Abschnitte die Feinheiten anführen, auf die man in der Nachkalkulation beim Verbuchen dieser Aufwendungen ganz besonders achten muß. Man muß immer berücksichtigen, daß die Nachkalkulation, die ich hier vor Augen habe, eine Kontrollabteilung des Betriebes speziell für die Hauptbuchhaltung sein soll. Diese Nachkalkulation darf deshalb nur dasjenige verbuchen, was auch die Hauptbuchhaltung verbucht hat, und muß deshalb alle Buchungen sehr vorsichtig vornehmen, damit der Zweck der Nachkalkulation auch erfüllt wird.

Ich will nun die Verbuchung der Aufwendungsunterlagen, die an die Nachkalkulation herankommen, behandeln:

Die Materialabforderungszettel. Diese Zettel gelangen also mittels einer Liste, in der sie einzeln aufgeführt sind, in die Nachkalkulation. Der Beamte hat nun die Aufgabe, diese Zettel auf die einzelnen Vorratsmaterialienkarten zu verbuchen. Zu diesem Zwecke überzeugt er sich von der Richtigkeit der Auftragsnummer, die auf dem Materialabforderungszettel angezogen ist. Es muß dann der Ort, der auf dem Zettel als Stichwort vermerkt ist, übereinstimmen mit dem Orte, der aus der Vorratsmaterialienkarte des betreffenden Auftrages hervorgeht; andererseits muß der Beamte auch feststellen können, ob das Material, das für den Auftrag abgefordert wurde, auch für den betreffenden Auftrag verwendet werden konnte. Hat er irgendwelche Bedenken gegen die auf dem Zettel angezogene Auftragsnummer, so stellt er den betreffenden Materialabforderungszettel unter Quittung dem betreffenden Werkmeister zur Feststellung der richtigen Auftragsnummer zu. Materialabforderungszettel, die ihre Richtigkeit haben, verbucht der betreffende Beamte hierauf auf der Vorratsmaterialienkarte (Formular 8) unter genauer Ausfüllung der Rubriken dieser Karte, zeichnet den Materialabforderungszettel als in der Nachkalkulation verbucht ab und streicht dann die Nummer des Materialabforderungszettels auf der Begleitliste der Lagerbewertung, wodurch eine Gewähr entsteht, daß die Nachkalkulation auch alle Materialabforderungszettel verbucht hat, die sie überwiesen erhielt. Der verbuchte Materialabforderungszettel wird hierauf in der Hauptkarte abgelegt, wo er als Unterlage für die vorgenommene Buchung verbleibt. —

In derselben Weise wie der Materialabforderungszettel wird auch der Rücklieferungszettel verbucht. Während aber die Verbuchung des Materialabforderungszettels in schwarzer Tinte vorgenommen wird, erfolgt die Verbuchung des Rücklieferungszettels am besten in grüner Tinte, damit man auf den ersten Blick sieht, daß man es mit einer Rücklieferung zu tun hat.

Die Lieferantenrechnungen. Die Lieferantenrechnungen erreichen also in Tagesmappen die Nachkalkulation, nachdem die einzelnen Rechnungen von den verschiedenen Abteilungen des Hauses auf ihre Richtigkeit geprüft wurden. Soll nun die Lieferantenrechnung in der Nachkalkulation verbucht werden, so muß der betreffende Beamte erst feststellen, ob die auf der Rechnung angezogene Auftragsnummer richtig ist. (Trotzdem dieses bereits in der Einkaufsabteilung geschehen ist, darf die Nachkalkulation als Kontrollabteilung das Prüfen der Auftragsnummer nicht unterlassen.) Ist die Auftragsnummer richtig, so wird die Lieferantenrechnung auf der Lieferantenmaterialienkarte (Formular 9) unter genauer Ausfüllung der Rubriken dieser Karte verbucht, wobei die Lieferungen, die an Hand von Eingangsmeldungen eingingen, schwarz, die Lieferungen, die direkt nach der Baustelle von den Lieferanten gesandt wurden, rot verbucht werden. Bei ersteren Lieferungen wird nur noch der Rechnungsbetrag und die Rechnungsnummer auf der Karte eingesetzt, da die Lieferung als solche bereits auf der Karte durch die Eingangsmeldung verbucht ist.

Die Auseinanderhaltung der direkten und der nach dem Werke erfolgten Lieferungen erweist sich als notwendig, damit dem Nachkalkulator möglich ist, festzustellen, ob die Lieferung direkt oder durch das eigene Werk erfolgte.

Hat der Beamte die Rechnung verbucht, so bescheinigt er auf den Rechnungsanhang unter „Nachkalkulation" die Verbuchung. Beachten muß er hierbei, daß er genau dieselbe Summe verbucht hat, wie die Rechnungskontrolle auf dem Rechnungsanhang als verbucht quittiert hat. Dieses ist notwendig, um in Übereinstimmung mit der Hauptbuchhaltung zu arbeiten. Der betreffende Beamte darf sich daher durch Rechnungsabzüge oder Rechnungszusätze, die auf dem Anhang erscheinen, nicht beirren lassen. Seine Pflicht ist, lediglich diejenige Summe zu verbuchen, die die Rechnungskontrolle beim Eingange der Rechnung verbucht hat. Rechnungsabzüge für Preisdifferenzen, Minderlieferungen usw., sowie Rechnungszusätze werden in der Nachkalkulation nur an Hand der Hilfsmemoriale verbucht. Wie bereits erwähnt, ist z. B. die Einkaufsabteilung gezwungen, wenn sie einen Abzug von einer Rechnung vornimmt, diesen Abzug in Form einer Buchung durch ihr Hilfsmemorial gehen zu lassen. Der Vermerk eines Abzuges usw. auf dem Rechnungsanhang ist solange ungültig, solange ein Hilfsmemorialzeichen nicht angezogen ist. — Nachdem die Rechnungen einer Tagesmappe als in der Nachkalkulation verbucht abgezeichnet wurden, stempelt der betreffende Beamte mit einem Datumstempel in der von der Rechnungskontrolle erhaltenen Kontrolliste die verbuchten Rechnungsnummern ab und schickt die Tagesmappe unter Quittung der Rechnungskontrolle wieder zu. Die Kontrolliste ist also für den betreffenden Beamten ein Überwachungsapparat, mit Hilfe dessen er immer feststellen kann, welche Rechnungen bereits an die Nachkalkulation herangekommen sind und welche noch fehlen. Die fehlenden Rechnungen, die, wie bereits erwähnt, von den einzelnen Abteilungen zurückgehalten werden, solange die Differenzen, um die es sich bei den betreffenden Rechnungen handelt, nicht erledigt sind, gelangen dann in „gemischten Mappen" in die Nachkalkulation. Trotzdem fertigt die Nachkalkulation vierteljährlich eine Liste der noch fehlenden älteren Rechnungen an und übersendet dieselbe der Rechnungskontrolle, die sich dann bemühen muß, die fehlenden Rechnungen der Nachkalkulation zuzustellen. —

Die Eingangsfrachten. Die Warenannahme führt, wie bereits erwähnt, das Eingangsfrachtenbuch. Die Eingangsfrachten und Rollgelder, die für Rücklieferungen, eintreffendes Montagewerkzeug, angelieferte Waren usw. aufgewendet wurden, werden in der Nachkalkulation an Hand des „Eingangsfrachtenbuches" verbucht. Hierbei werden die einzelnen Posten Kundenaufträge betreffend, mit denen durch das Eingangsfrachtenbuch das Lieferantenmaterialienkonto belastet ist, auf der Lieferantenmaterialienkarte unter der Rubrik „Eingangsfrachten" notiert.

Die Verbuchung der Eingangsfrachten in der Nachkalkulation wird in folgender Weise vorgenommen: „12. 10. 19. Eingangsfracht für zurückgesandte Kisten lt. Eingangsfrachtenbuch Fol. 43/101 (laufende Nr.) Oktober ... Mk. 4,20" (in der Rubrik Eingangsfrachten). Jeder verbuchte Posten wird hierauf im Eingangsfrachtenbuch von der Nachkalkulation als verbucht abgezeichnet. —

Das Hilfsmemorial. Alle Buchungen, die von irgendeiner Abteilung des Hauses auf Grund einer brieflichen Mitteilung usw. vorgenommen werden, müssen durch das Hilfsmemorial der betreffenden Abteilung gehen. Man könnte zwei verschiedene Hilfsmemoriale unterscheiden und zwar: 1. Das Hilfsmemorial Lieferanten betreffend und 2. das Hilfsmemorial Kunden betreffend.

1. Das Hilfsmemorial, Lieferanten betreffend, wird von jeder Abteilung des Betriebes verwendet, die in Verkehr mit den Lieferanten steht. Stellt nun die betreffende Abteilung, z. B. die Einkaufsabteilung fest, daß der Preis, den der Lieferant in Rechnung stellt, aus irgendwelchem Grunde nicht stimmt, so muß sie diese Preisdifferenz buchhalterisch vom Rechnungsbetrage absetzen, da doch die Rechnung beim Eingange in voller Höhe zugunsten des betreffenden Lieferanten von der Rechnungskontrolle verbucht wurde. Zu diesem Zwecke nimmt die Einkaufsabteilung in ihrem Hilfsmemorial eine Buchung vor, durch die sie das betreffende Aufwendungskonto, auf dem beim Eingange die Rechnung verbucht wurde, z. B. das Lieferantenmaterialienkonto, erkennt und das Konto des Lieferanten belastet. Zu gleicher Zeit vermerkt die Einkaufsabteilung auf den Rechnungsanhang unter Anführung des Hilfsmemorialfolios den Rechnungsabzug. Die so im Hilfsmemoriale vorgenommene Buchung samt ihren Unterlagen muß nun, bevor sie von der Hauptbuchhaltung verbucht wird, von der Nachkalkulation gegengezeichnet werden. Dieses ist notwendig, damit die Nachkalkulation die Kontierung überprüft und die Folgerungen, die sich aus dieser Buchung für die Nachkalkulation ergeben, unter der Rubrik „Bemerkungen“ im Hilfsmemorial festlegen kann. So würde im obigen Falle die Bemerkung „dem Auftrage gutbringen“ lauten, wenn die betreffende Rechnung bereits in der Nachkalkulation in der ursprünglichen Höhe verbucht worden ist. — Hierauf gelangt das Hilfsmemorial in die Hauptbuchhaltung.

Nach Verbuchung der Buchungen des Hilfsmemorials in der Hauptbuchhaltung gelangt dasselbe monatlich in die Nachkalkulation, wo die Verbuchung der einzelnen Buchungen an Hand der Bemerkungen vorgenommen wird. Je nachdem, über welches Aufwendungskonto die Buchung lautet, wird ihre Verbuchung in der Nachkalkulation auf der einen oder anderen Kalkulationskarte vorgenommen. Jeder Buchungsposten wird dann als in der Nachkalkulation verbucht abgezeichnet. — Eine Hilfsmemorialbuchung würde demnach in der Nachkalkulation folgenden Wortlaut haben: „15. 7. 19 lt. Hilfsmemorial E, Fol. 34 H.-Mem. II/48 (das ist das Zeichen der Hauptbuchhaltung) für Preisnachlaß auf Rechnung Nr. 26003 N. N. ... Mk. 40,00“. Selbstverständlich wird dieser Posten, der für den Auftrag einen Gutposten darstellt, ebenso wie der Rücklieferungszettel in grüner Tinte auf der Lieferantenmaterialienkarte verbucht.

Wie bereits unter „Lieferantenrechnungen“ bemerkt, müssen sämtliche Hilfsmemorialbuchungen in der Nachkalkulation verbucht werden, da auch die Lieferantenrechnungen ihrerseits in voller Höhe von der Nachkalkulation verbucht wurden. Für die Hilfsmemorialbuchungen gelte folgender Grundsatz: Es dürfen nur Belastungen von Lieferanten durch das Hilfsmemorial erfolgen, nicht aber Erkennungen. In dem Augenblick, in dem es sich um eine Erkennung des Lieferanten handelt, muß die betreffende Mitteilung usw., auf Grund welcher die Erkennung vorgenommen werden soll, mit einem Rechnungsanhang versehen und als Rechnung aufgemacht werden, die dann den richtigen Gang einer Lieferantenrechnung nimmt. —

2. Das Hilfsmemorial, Kunden betreffend, das nur für den Verkehr mit der Kundschaft dient, wird am besten von der Rechnungsabteilung geführt. Dieses Hilfsmemorial gilt nur für Buchungen, die sich auf das Erlöskonto erstrecken. Zur Erläuterung diene folgendes Beispiel: Ein Kunde reklamiert einen zu hoch berechneten Preis. Nachdem festgestellt wurde, daß die Reklamation zu Recht besteht, wird ihm ein Nachlaß gewährt, der zur Kürzung der ihm erteilten Rechnung führen muß. Da die Kundenrechnung seinerzeit über das Erlöskonto ging, muß die Verbuchung dieses Nachlasses auch über das Erlöskonto erfolgen. Die Rechnungsabteilung führt also für obige Buchungen ein getrenntes Hilfsmemorial, das aber im Schema dem üblichen Hilfsmemorial gleicht, nur das alle Buchungen über das Erlöskonto gehen. Die Buchungen dieses Hilfsmemorials werden in der Nachkalkulation auf der Vorderseite der Hauptkarte verbucht. (Weiteres siehe unter „Kalkulatorische Abrechnung der Kundenrechnung".) Zu bemerken wäre nochmals, daß der Verkehr mit der Kundschaft in bezug auf Rechnungserteilung und Erteilung von Gutschriften nur von der Rechnungsabteilung aus erfolgen darf. — Es kommt aber noch eine andere Art von Kundengutschriften in Frage; z. B. Ein Kunde führt im Auftrage der Firma, die ihm irgendeine Anlage usw. baut, Hilfsarbeiten aus. Will nun der Kunde diese von ihm geleisteten Hilfsarbeiten von der ihm zu erteilenden Rechnung absetzen lassen, so wird er diese Hilfsarbeiten der Firma durch eine Rechnung oder brieflich mitteilen. In diesem Falle bekommt diese Rechnung oder dieser Brief einen Rechnungsanhänger und nimmt den üblichen Weg einer Lieferantenrechnung. Es erfolgt also keine Gutschrift über Erlöskonto, da diese Arbeiten keinen Rechnungsabzug darstellen, sondern der Betrag wird dem Kunden über Lieferantenmaterialienkonto gutgeschrieben. Der Kunde tritt in diesem Falle als Lieferant auf. —

Die Nachkalkulation selbst besitzt auch ein Hilfsmemorial, durch das sie alle bei ihr vorkommenden Buchungen der Hauptbuchhaltung aufgibt. —

Die Lohnzettel und Lohnlisten. Die Lohnzettel und Lohnlisten werden in der Nachkalkulation auf der Lohnkarte (Formular 10) verbucht. Die Lohnkarte muß so eingerichtet sein, daß sie alle Löhne getrennt nach den einzelnen Werkstattabteilungen erfassen kann. Dieses ist notwendig, damit die einzelnen Werkstattgruppen gebildet werden können, die ihrerseits mit verschiedenen Betriebszuschlägen nachkalkuliert werden. Diese Betriebszuschläge dienen, wie ich unter „Zweck der Nachkalkulation" angeführt habe, zur Deckung der einzelnen Werkstattunkosten und werden von der Unkostenabteilung festgestellt. — Die einzelnen Lohnzettel, die mit ihrer Kontrolliste in die Nachkalkulation gelangen, werden vom betreffenden Beamten vor allen Dingen auf die Richtigkeit der Auftragsnummer geprüft. Gerade die Werkstattabteilungen verwechseln oder verschmelzen nämlich bei den Löhnen die Auftragsnummern, und es ist deshalb Sache der Nachkalkulation, auf die richtige Anziehung der einzelnen Auftragsnummern zu achten. Ist die Auftragsnummer richtig, dann erfolgt die Verbuchung des Lohnzettels unter der betreffenden Werkstattabteilung auf der betreffenden Auftragsnummer; der Lohnzettel wird als „von der Nachkalkulation verbucht", abgezeichnet und hierauf in die betreffende Hauptkarte einsortiert. Für statistische Zwecke kann man die Verbuchung der Lohnzettel schwarz, die der Akkordzettel rot vornehmen.

Die Verbuchung der Lohnlisten laut Aufstellungslöhne-Aufgabebuch geschieht auf der Lohnkarte unter der Spalte: „Aufstellungslöhne". Erscheinen mit den Aufstellungslöhnen zu gleicher Zeit Reiseauslagen und Hilfsmaterialien, so werden dieselben auf der Nebenkostenkarte verbucht, unter Anführung der Lohnwoche und Namen des Montagemeisters usw. Die verbuchten Beträge des „Aufstellungslöhne-Aufgabebuches" werden dann als „von der Nachkalkulation verbucht" abgezeichnet.

Zum Verbuchen der Nebenkosten dient die Nebenkostenkarte. Als Nebenkosten gelten die Ausgangsfrachten, Versicherungen, die Provisionen, Abgaben, Lizenzen, Reiseauslagen, Reisegehälter und die verschiedenen kleineren Ausgaben. Die Verbuchung dieser Nebenkosten wird an Hand der einzelnen Überwachungsbücher vorgenommen und geschieht in der Regel monatlich. —

Außer diesen Unterlagen erhält die Nachkalkulation von den technischen Büros alle Durchschläge der technischen Unterlagen der einzelnen Aufträge, wie Stücklisten usw. Von der Versandabteilung gehen ihr auch unter Quittung die Durchschriften aller Versandavise zu. Diese Unterlagen werden, ohne daß sie irgendwie verbucht werden, in die einzelnen Hauptkarten einsortiert und bilden die technischen Unterlagen des betreffenden Auftrages. Die Hauptkarte sammelt auf diese Weise alle Unterlagen des betreffenden Auftrages und ist daher immer vollständig.

3. Das kalkulatorische Abrechnen der Kundenrechnung.

Die Rechnungen an die Kunden werden von der Rechnungsabteilung erteilt und vom Jahresbeginn ab mit laufenden Nummern (Rechnungsnummern) versehen. Sie werden mit einigen Durchschriften angefertigt und von der Rechnungsabteilung in ein sogenanntes „Rechnungsausgangsbuch“ eingetragen. Während das Rechnungsausgangsbuch im Laufe jedes einzelnen Monates in die Hauptbuchhaltung gelangt, wo die einzelnen Rechnungen an Hand dieses Buches zu Lasten der einzelnen Kunden und zugunsten des Erlöskontos verbucht werden, erhält die Nachkalkulation die Durchschriften aller in dem betreffenden Monate erteilten Kundenrechnungen. Diese Durchschriften können selbstverständlich erst nach Abschluß eines Monates, also am Ende jeden Monats in die Nachkalkulation gelangen. Es läßt sich daher nicht vermeiden, daß die Nachkalkulation mit der kalkulatorischen Abrechnung immer mit einem Monat zurückbleibt, so daß sie z. B. die Julirechnungen erst im August bearbeiten kann. Diese Karenzzeit von einem Monat ist aber auch notwendig, damit alle Aufwendungen, die die Julirechnungen betreffen, bei der kalkulatorischen Abrechnung der betreffenden Aufträge schon vorhanden sind, d. h. damit der Betrieb auch Zeit hat, die einzelnen Aufwendungen noch vor der kalkulatorischen Abrechnung der Rechnungen der Nachkalkulation zugehen zu lassen.

Nach Erhalt der Rechnungsdurchschläge obliegt es nun dem Registrator der Nachkalkulation, auf Grund der auf den einzelnen Rechnungsdurchschlägen angezogenen Auftragsnummern die Unterlagen für diese Rechnungsdurchschläge aus der Kartothek zu beschaffen. Diese Unterlagen bestehen aus der Hauptkarte mit ihrem Inhalte und den einzelnen Aufwendungskarten, welche dann zusammen mit dem Rechnungsdurchschlag dem Nachkalkulator übergeben werden, der nun die kalkulatorische Abrechnung des Kundenauftrages vornehmen kann.

Bevor auf die kalkulatorische Abrechnung des Kundenauftrages eingegangen werden kann, ist es notwendig, daß man sich über einige Grundbegriffe klar wird, auf die sich die kalkulatorische Abrechnung stützt. Diese Grundbegriffe wären:

1. **„Der Rechnungsbetrag.“** Der Rechnungsbetrag stellt die Höhe der dem Kunden erteilten Rechnung dar. Man muß unterscheiden zwischen dem Rechnungsbetrage laut Rechnungsausgangsbuch und dem Rechnungsbetrage unter Berücksichtigung von Nachlaßbuchungen, die im Monate der Rechnungserteilung vorgenommen wurden. Beide Rechnungsbeträge kommen für die Nachkalkulation in Betracht. Während nämlich der erste Rechnungsbetrag lediglich dazu dient, eine Übereinstimmung mit dem Monatsumsatze laut Rechnungsausgangsbuch zu schaffen, dient der zweite Rechnungsbetrag, als eigentlicher Rechnungsbetrag, für die kalkulatorische Abrechnung des betreffenden Auftrages. In ersterem Falle ist die Übereinstimmung notwendig, damit die Nachkalkulation eine Kontrolle ausüben kann, ob sie auch alle Rechnungsdurchschläge des betreffenden Monates erhalten hat; die Gesamtsumme

aller erhaltenen Rechnungsdurchschläge muß dann gleich sein der Gesamtsumme der Rechnungen laut Rechnungsausgangsbuch; im zweiten Falle darf die Nachkalkulation selbstverständlich nur diejenigen Rechnungsbeträge zur Abrechnung heranziehen, welche die endgültigen sind. Z. B.: Eine Rechnung wird zu hoch ausgefertigt, der Kunde reklamiert und die Rechnungsabteilung erteilt hierauf einen Nachlaß, der durch das Kundenhilfsmemorial geht und zu Lasten Erlöskonto gebucht wird (wie unter „Hilfsmemorial" bereits besprochen). Dieser Nachlaß wird von der Nachkalkulation auf die Hauptkarte verbucht. Die Pflicht des Nachkalkulators ist es nun vor allen Dingen, diesen Nachlaß vom ursprünglichen Rechnungsbetrage abzusetzen, um den eigentlichen Rechnungsbetrag zu erhalten, der erst zur kalkulatorischen Abrechnung herangezogen werden kann. Diesen eigentlichen Rechnungsbetrag wollen wir „reiner Rechnungsbetrag" nennen.

Es kann aber auch vorkommen, daß dieser Nachlaß erst in späteren Monaten gewährt wird. In diesem Falle kann derselbe in der Nachkalkulation vom Rechnungsbetrage laut Rechnungsausgangsbuch nicht mehr abgesetzt werden, da die Rechnung bereits kalkulatorisch abgerechnet ist. Dieser nachträgliche Nachlaß wird daher unter „nachträgliche Verluste" gefaßt, die ich später ausführlicher behandeln werde.

2. „Die direkten Aufwendungen." Unter „direkten Aufwendungen" versteht der Nachkalkulator alle tatsächlich aufgelaufenen Aufwendungen ausschließlich der Betriebszuschläge.

3. „Die Selbstkosten." Die direkten Aufwendungen einschließlich der Betriebszuschläge nennt der Nachkalkulator die „Selbstkosten". (Über die Definition des Betriebszuschlages siehe unter „Zweck der Nachkalkuation".)

4. „Der Überschuß." Der reine Rechnungsbetrag unter Abzug der direkten Aufwendungen ergibt den kalkulatorischen „Überschuß" oder, wenn die Aufwendungen überwiegen, den kalkulatorischen „Verlust". Vom Gesamtüberschuß eines Monates gehen die „Gratislieferungen", die „nachträglich gewährten Nachlässe" auf Kundenrechnungen, sowie die direkten Aufwendungen der „nachträglichen Aufwendungen" ab und ergeben dann den „reinen Überschuß" laut Nachkalkulation. (Auf die „Gratislieferungen" und „nachträglichen Aufwendungen" komme ich auf Seite 59 zurück.)

5. „Der Rohgewinn." Der Rohgewinn ergibt sich in der Nachkalkulation, wenn vom reinen Rechnungsbetrage die Selbstkosten abgesetzt werden; sind die Selbstkosten höher als der Rechnungsbetrag, so entsteht der „Rohverlust". Der Rohgewinn des Monats abzüglich der „Gratislieferungen", der „nachträglichen Nachlässe" auf Kundenrechnungen und der Selbstkosten der „nachträglichen Aufwendungen", ergibt den „reinen Rohgewinn".

6. Der Auftrag ist „berechnet", wenn die Rechnung an den Kunden erteilt worden ist.

7. Der Auftrag ist „abgerechnet", wenn die Nachkalkulation die kalkulatorische Abrechnung des betreffenden Auftrages vorgenommen hat.

Nachdem wir nun die einzelnen Grundbegriffe einer Nachkalkulation kennengelernt haben, können wir zur Tätigkeit des Nachkalkulators übergehen.

A. Die Tätigkeit des Nachkalkulators.

Wie bereits erwähnt, erhält der Nachkalkulator zur Abrechnung der erteilten Kundenrechnung die Hauptkarte mit allen ihren Unterlagen. Die Haupttätigkeit des Nachkalkulators soll nun darin bestehen, daß er vor allen Dingen an Hand der vorliegenden Stücklisten usw. nachprüft, ob auf den Vorratsmaterialien- und Lieferantenmaterialienkarten die richtigen Materialien verbucht worden sind, und ob die Löhne, die auf der Lohnkarte erscheinen, richtig sind. Diese Nachprüfung muß sehr sorgfältig vorgenommen werden, und es wird sich öfters als notwendig erweisen, daß der Nachkalkulator auch die einzelnen Zeichnungen zu Hilfe nimmt. Nur auf diese Weise kann der wichtigste Zweck der Nachkalkulation erfüllt werden.

Hat der Nachkalkulator die Richtigkeit der Aufwendungen und Löhne festgestellt, so addiert er die Aufwendungen der einzelnen Kalkulationskarten kontenweise auf und überträgt die Endsummen der einzelnen Aufwendungen unter dem betreffenden Konto auf die Innenseite der Hauptkarte, die also vorwiegend für die Zusammenstellung der einzelnen Aufwendungen dient. Ist dieses geschehen, so überzeugt sich der Nachkalkulator, ob der Rechnungsbetrag unverändert geblieben ist oder ob auf der Vorderseite der Hauptkarte Nachlässe oder Gutschriften für Rücklieferungen usw. verbucht sind, die in diesem Falle vom Rechnungsbetrage zur Erlangung des ,,reinen Rechnungsbetrages" abgesetzt werden müssen. Den reinen Rechnungsbetrag verbucht der Nachkalkulator unter Anführung der Rechnungsnummer ebenfalls auf der Innenseite der Hauptkarte; der Rechnungsbetrag abzüglich der vorhandenen Aufwendungen ohne Betriebszuschläge ergibt dann den Überschuß, abzüglich der Aufwendungen einschließlich Betriebszuschläge den Rohgewinn. Der Überschuß und der Rohgewinn wird hierauf in die betreffenden Spalten der Hauptkarte eingesetzt, und der Auftrag ist abgerechnet. Der Nachkalkulator macht dieses dadurch erkenntlich, daß er auf allen Karten unter den letzten gefaßten Aufwendungen, sowie auf der Innen- und Vorderseite der Hauptkarte einen Stempel:

Abgerechnet
am ....
Name: ....

aufdrückt, den er dann dementsprechend ausfüllt. Zu gleicher Zeit wird es angebracht sein, daß der Nachkalkualtor alle abgerechneten Aufwendungen „tötet", damit dieselben später nicht als noch offen angesehen werden können. Dieses geschieht am besten, indem der Nachkalkulator die Endsumme der abgerechneten Aufwendungen der einzelnen Kalkulationskarten mit einem Strichstempel:

überstempelt. Hiermit wäre die kalkulatorische Abrechnung eines Auftrages beendet, und der Nachkalkulator überträgt nun hintereinander die Summen der einzelnen Aufwendungen kontenweise auf den Rechnungsdurchschlag, errechnet hier ebenfalls den Überschuß und Rohgewinn, damit der Rechnungsdurchschlag genau so wie die Hauptkarte das Abrechnungsergebnis des betreffenden Auftrages aufweist. Die Rechnungsdurchschläge ihrerseits werden dann mit ihren Ergebnissen in das sogenannte „Hauptabrechnungsbuch" eingetragen, das ich im folgenden Abschnitte behandeln werde.

Ich möchte nun noch einige Punkte berücksichtigen, auf die der Nachkalkulator bei der Abrechnung genau zu achten hat:

1. Die Additionen der Aufwendungen der einzelnen Konten und Karten müssen richtig sein.

2. Es dürfen keine Aufwendungen, die vielleicht auf den Kalkulationskarten fehlen vom Nachkalkulator ohne Unterlagen einfach zugeschrieben oder im umgekehrten Falle gestrichen werden. Die fehlenden Aufwendungen müssen vielmehr auf dem vorgeschriebenen Wege beschafft werden. Z. B.: Es fehlt irgendwelches Material. Der Nachkalkulator muß in diesem Falle vom betreffenden Werkmeister, der den Auftrag bearbeitet hat, Aufklärung verlangen und eventuell das nachträgliche Ausfertigen eines Materialabforderungszettels veranlassen.

3. Für fehlende Aufwendungen, wie z. B. ausstehende Unterlieferantenrechnungen usw. muß der Nachkalkulator eine dementsprechende Fertigstellung-Rückstellung schaffen. Er darf diese Aufwendungen nicht einfach fallen lassen oder etwa als Rechnung hinzuschreiben. Die Fertigstellung-Rückstellung gilt für den Nachkalkulator als richtige Aufwendung, wie z. B. die Lieferantenrechnung, nur daß die Fertigstellung-Rückstellung nicht unter „Lieferantenmaterialienkonto", sondern unter „Fertigstellung-Rückstellungskonto" aufgeführt wird. Das Rückstellungsverfahren ist also ein Verfahren, das dem Nachkalkulator gestattet, trotz fehlender Aufwendungen, ein wirklich richtiges Bild der kalkulatorischen Abrechnung zu schaffen. Näheres über Fertigstellung-Rückstellungen siehe unter „Das Rückstellungsverfahren".

4. Die einzelnen Aufwendungskonten dürfen vom Nachkalkulator weder verwechselt noch verquickt werden, damit auch die Auflösung der buchhalterischen Aufwendungskonten ermöglicht wird. Der Nachkalkulator muß daher die einzelnen Aufwendungen unter denjenigen Konten abrechnen, unter denen sie auf den Kalkulationskarten erscheinen.

5. Der Nachkalkulator hat stets darauf zu achten, daß alle Aufwendungen, die er abrechnet, entweder im Laufe des neuen Geschäftsjahres verbucht oder in den „halbfertigen Teilen" des Vorjahres aufgenommen worden sind. Die halbfertigen Teile werden, wie wir später erfahren werden, am Jahresschlusse an Hand der unabgerechneten Aufträge der Nachkalkulation aufgenommen, und alle aufgenommenen Beträge mit kleinen Stempeln versehen, die die Konten bezeichnen, unter denen die einzelnen Beträge aufgenommen wurden, und in welchem Jahre dieses geschah. Beträge, die irrtümlicherweise am Jahresschlusse in den halbfertigen Teilen nicht aufgenommen wurden, darf der Nachkalkulator auch nicht als Aufwendungen nachweisen, da diese Beträge am Jahresschlusse nicht aktiviert wurden, und der Nachkalkulator sonst buchhalterisch unrichtige Zahlen abrechnet. Damit es dem Nachkalkulator ermöglicht wird, trotzdem ein richtiges kalkulatorisches Bild in der Abrechnung zu bringen, muß in der Hauptbuchhaltung ein Gewinn- und Verlustkonto geschaffen werden, über welches man im Laufe des neuen Jahres die nicht aufgenommenen oder zu hoch aufgenommenen Posten nachträglich für das neue Geschäftsjahr aktivieren kann. Dieses Konto könnte vielleicht: „Konto für Differenzen in den halbfertigen Teilen aus früheren Jahren" benannt werden. Ergibt sich also z. B. daß ein Betrag irrtümlicherweise in den halbfertigen Teilen des Vorjahres nicht aufgenommen wurde, so wird eine Buchung vorgenommen, durch die das Differenzkonto erkannt und das betreffende Aufwendungskonto belastet wird. Dadurch wird also eine Belastung des betreffenden Aufwendungskontos erzielt, und der betreffende nicht aufgenommene Betrag kann nun durch die Abrechnung nachgewiesen werden.

B. Das Hauptabrechnungsbuch.

Das Hauptabrechnungsbuch (Formular 12a) hat die Aufgabe, eine Zusammenstellung der Ergebnisse aller im betreffenden Monate abgerechneten Rechnungsdurchschläge zu bringen, um den Gesamtüberschuß usw. des betreffenden Monates feststellen zu können. Betriebe, die in einzelne Vertriebsabteilungen eingeteilt sind, sollen möglichst für jede dieser Abteilungen ein getrenntes Hauptabrechnungsbuch führen, damit auch die Geschäftsergebnisse der einzelnen Vertriebsabteilungen ohne größere Schwierigkeiten festgestellt werden können. Hierzu müssen die einzelnen Vertriebsabteilungen, wie bereits eingangs erwähnt, durch ein kurzes Zeichen gekennzeichnet werden, das am besten in Form von Nummern gewählt werden kann, z. B. Abteilung 2, 3, 4, 5 usw. Diese Nummern begleiten dann stets die Auftragsnummer sowie die Rechnungsnummer, so daß sich jederzeit die Abteilung feststellen läßt, die den betreffenden Auftrag bearbeitet.

Die Hauptabrechnungsbücher werden dann ebenfalls nach den einzelnen Abteilungsnummern benannt.

Ein Hauptabrechnungsbuch muß folgende Rubriken aufweisen können:

Links: Rechnungsnummer, Datum der Rechnung, Auftragsnummer, Besteller und Empfänger, Ort, Gegenstand, Rechnungsbetrag laut Rechnungsausgangsbuch, Rechnungsbetrag unter Berücksichtigung der Nachlässe, Summe der Auslagen ohne Betriebszuschläge (direkte Aufwendungen), Überschuß, Summe der Auslagen mit Betriebszuschlägen (Selbstkosten), Rohgewinn.

Rechts: Die einzelnen Aufwendungskonten, wobei das Lohnkonto mit zwei Spalten versehen wird, und zwar mit der Spalte für Betriebslöhne und mit der Spalte für Aufstellungslöhne. Hinter der Spalte für Betriebslöhne wird eine Spalte: „Zuschläge auf Betriebslöhne", hinter der Spalte für Aufstellungslöhne eine Spalte: „Zuschläge auf Aufstellungslöhne" eingerichtet. Als letzte Rubriken folgen die für das Fertigstellung-Rückstellungskonto und „Nummer der Fertigstellung-Rückstellung".

Nehmen wir nun an, daß der Betrieb in verschiedene Vertriebsabteilungen eingeteilt ist und greifen wir uns das Hauptabrechnungs buch einer Vertriebsabteilung zur Besprechung heraus.

Wie wir bereits gehört haben, werden die ausgehenden Rechnungen von der Rechnungsabteilung in ein sogenanntes Rechnungsausgangs buch eingetragen, das im Laufe jedes Monats in die Hauptbuchhal-

Vertriebsabteilung Nr.: .... Monat: ....

Rechnungs-Nr.	Datum der Rechnung	Auftrags-Nr.	Besteller und Empfänger	Ort	Gegenstand	Rechnungsbetrag lt. Rechnungsausgangsbuch	Rechnungsbetrag unter Berücksichtigung der Nachlässe	Summe der Auslagen ohne Betriebszuschläge (direkte Aufwendungen)	Überschuß	Summe der Auslagen mit Betriebszuschlägen (Selbstkosten)	Rohgewinn	Vorratsmaterialienkonto

Formular 12a.

tung zwecks Verbuchung der Rechnungen gelangt. Monatlich gelangt hierauf das Rechnungsausgangsbuch in die Nachkalkulation, wo nun an Hand dieses Buches die einzelnen Rechnungen mit ihren Rechnungsbeträgen in die Hauptabrechnungsbücher der einzelnen Vertriebsabteilungen übertragen werden. (Die Rechnungsabteilung muß also mindestens zwei Rechnungsausgangsbücher besitzen, und zwar eins für gerade und eins für ungerade Monate, damit sie ungehindert arbeiten kann.) Da die einzelnen Rechnungen des Rechnungsausgangsbuches mit den Nummern der in Betracht kommenden Vertriebsabteilungen versehen sind, ist es für die Nachkalkulation leicht, die Rechnungen in die entsprechenden Abteilungs-Hauptabrechnungsbücher zu übertragen.

Der Nachkalkulator rechnet inzwischen die einzelnen Rechnungsdurchschläge ab und übergibt die abgerechneten Durchschläge dem Beamten, der die Hauptabrechnungsbücher führt. Die Daten des Rechnungsdurchschlages in bezug auf entstandene Aufwendungen, erzielten Überschuß usw., werden nun sorgfältig in das betreffende Abteilungs-Hauptabrechnungsbuch übertragen, so daß das gesamte Abrechnungsbild auch im Hauptabrechnungsbuche erscheint. Auf diese Weise bringt die Hauptkarte, der Rechnungsdurchschlag und das Hauptabrechnungsbuch ein Gesamtbild der kalkulatorischen Abrechnung des betreffenden Auftrages. Ergibt sich bei der kalkulatorischen Abrechnung statt eines Überschusses ein Verlust oder statt des Rohgewinnes ein Rohverlust, dann werden diese Verluste im Hauptabrechnungsbuche rot eingetragen. Die roten Zahlen stellen also Verlustposten vor, die nachher bei der Aufaddition des Hauptabrechnungsbuches nicht hinzuaddiert, sondern abgesetzt werden, da sie den Gesamtüberschuß bzw. den Gesamtrohgewinn des Monats schmälern.

Sind in einem Abteilungs-Hauptabrechnungsbuche die Abrechnungen aller Rechnungsdurchschläge des betreffenden Monats lückenlos eingetragen, so werden die einzelnen Spalten dieses Buches aufaddiert. Es

19..........

Lieferanten-materialienkonto	Lohnkonto		Zuschläge		Ausgangsfrachtenkonto	Provisionskonto	Lizenzkonto	Reiseauslagenkonto	Reisegehälterkonto	Verschiedene Nebenkostenkonto	Fertigstellung-Rückstellungskonto	Fertigstellung-Rückstellungs-Nr.	Bemerkungen
	Betriebslöhne	Aufstellungslöhne	auf Betriebslöhne	auf Aufstellungslöhne									

Formular 12 a.

muß dann die Summe der Spalten aller Aufwendungskonten zuzüglich der Fertigstellung-Rückstellungen ohne Zuschläge gleich sein der Spalte „Summe der Auslagen ohne Zuschläge (direkte Aufwendungen)", die Gesamtsumme der Spalten aller Aufwendungskonten zuzüglich Rückstellungen und Zuschläge gleich sein der Summe der Spalte „Auslagen mit Zuschlägen (Selbstkosten)". Andererseits müssen die „direkten Aufwendungen" zuzüglich des Überschusses den reinen Rechnungsbetrag, ebenso die „Selbstkosten" zuzüglich des Rohgewinnes ebenfalls den reinen Rechnungsbetrag ergeben. Auf diese Weise läßt es sich feststellen, ob man richtig gearbeitet hat und hierauf kann man die einzelnen Hauptabrechnungsbücher abschließen.

Um nun das Gesamtabrechnungsergebnis des ganzen Betriebes im betreffenden Monate feststellen zu können, ist es notwendig, daß die einzelnen Resultate der Abteilungs-Hauptabrechnungsbücher zusammen gestellt werden. Zu diesem Zwecke bedient sich die Nachkalkulation einer sogenannten „Zusammenstellungsliste der Abteilungs-Hauptabrechnungsbücher". Diese Liste, die aus zwölf Blättern der Formulare des Hauptabrechnungsbuches besteht (also für jeden Monat ein Blatt), soll also monatlich das Gesamtabrechnungsergebnis des ganzen Betriebes bringen, nachdem die Endresultate der einzelnen Abteilungs-Hauptabrechnungsbücher abteilungsweise in dieselbe eingetragen worden sind. Addiert man hierauf die einzelnen Spalten dieser Liste, so erhält man das Gesamtabrechnungsergebnis des ganzen Betriebes in bezug auf Umsatz, Überschuß, Rohgewinn und abgerechnete Aufwendungen. Dieses Gesamtergebnis stellt aber nur das Bruttoergebnis der Nachkalkulation des betreffenden Monats dar, denn mit diesen Resultaten arbeitet die Nachkalkulation weiter, um nach Abzug der „Gratislieferungen", „nachträglichen Nachlässe und Gutschriften", sowie „der nachträglichen Aufwendungen" das Nettoergebnis des Monates festzustellen. Näheres darüber werde ich unter „Monats- und Jahresabschluß der Nachkalkulation" bringen. —

4. Das Rückstellungsverfahren.

A. Die Fertigstellung-Rückstellungen des laufenden Jahres.

Das Rückstellungsverfahren soll, wie bereits erwähnt, dem Nachkalkulator ermöglichen, bei der Abrechnung noch fehlende Aufwendungen berücksichtigen zu können, damit dieselben nicht als nachträgliche Aufwendungen erscheinen, für die keine Gegenwerte vorhanden sind und die dann von späteren Abrechnungsergebnissen als Verlustposten abgesetzt werden müßten. Die Fertigstellung-Rückstellungen sind daher Aufwendungen, die zusammen mit den anderen Aufwendungen bei der Feststellung des Überschusses vom Rechnungsbetrage abgesetzt werden müssen.

Das Rückstellungsverfahren wird in der Nachkalkulation wie folgt ausgeübt: Erachtet der Abrechner es für notwendig, bei der Abrechnung eines Auftrages eine Fertigstellung-Rückstellung zu fixieren, so muß er dieselbe vor allen Dingen irgendwo schriftlich niederlegen. Für diesen Zweck ist eine Liste geschaffen, die wir „Rückstellungsliste" nennen wollen. Diese Liste enthält folgende Rubriken: „Datum, Nr. der Vertriebsabteilung, Laufende Nummer der Rückstellung, Rechnungsnummer, Auftragsnummer, Besteller und Ort, Rückstellungsbetrag". Diese Liste sammelt auf diese Weise alle vorgesehenen Rückstellungen; außerdem kann der Abrechner an Hand dieser Liste die laufende Nummer der Rückstellung, also die „Rückstellungsnummer", die an der Reihe ist, feststellen. Die Rückstellungsnummer ist eine laufende Nummer, die bei Einführung der Rückstellungen mit 1 begann und so lange fortlaufend geführt wird, solange nicht allzu hohe Nummern an der Reihe sind, wie z. B. fünfstellige. Eine öftere Wiederholung der Rückstellungsnummern, z. B. jedes Jahr von neuem mit Nr. 1 zu beginnen ist nicht zu empfehlen, da sich manche Fertigstellung-Rückstellungen über viele Jahre hinziehen und dann die einzelnen Rückstellungsnummern leicht verwechselt werden könnten. Jede Fertigstellung-Rückstellung muß aber zwangläufig mit der laufenden Nummer versehen sein, damit die Überwachung der Fertigstellung-Rückstellungen erleichtert wird.

Zur Kenntlichmachung, daß für den betreffenden Auftrag eine Fertigstellung-Rückstellung vorhanden ist, drückt der Nachkalkulator auf den Rechnungsdurchschlag, sowie auf die Hauptkarte und alle vorhandenen Kalkulationskarten einen Rückstellungsstempel auf. Derselbe müßte etwa folgenden Text aufweisen:

Fertigstellung-Rückstellung im Jahre 19...... vorgesehen Nr..........................

Zu gleicher Zeit notiert der Nachkalkulator auf dem Rechnungsdurchschlag, sowie auf den einzelnen Kalkulationskarten für welche Art der Aufwendung die Fertigstellung-Rückstellung vorgesehen ist, und hierauf gelangt die Hauptkarte mit ihrem Inhalte in das Archiv II der Nachkalkulation. Dieses Rückstellungsarchiv sammelt auf diese Weise alle Hauptkarten der Aufträge, für die eine Fertigstellung-Rückstellung vorhanden ist, damit diese Hauptkarten immer zusammenbleiben, was die Überwachung der Rückstellungen erleichtert. —

Monat ....*Juni*..........

Laufende Nr. der Rückstellung	Rechnungs-Nr.	Datum der Rechnung	Nr. der Vertriebsabteilung	Besteller und Ort	Auftrags-Nr.	Art der Bestellung	Rechnungsbetrag ℳ	₰	Überschuß ℳ	₰	Vorgesehene Fertigstellung-Rückstellung ℳ	₰
1030	*2040*	*5. 6.*	*6*	*N. N.*	*60 100/08*	*Kohlenförder-*	*80 500*	—	*18 000*	—	*6000*	—
		19				*anlage*						

Formular 13.

Die eigentliche Überwachung der vorhandenen Rückstellungen erfolgt nun durch das sogenannte „Fertigstellung-Rückstellungsüberwachungsbuch“ (Formular 13). In dieses Buch werden monatlich, gemäß Hauptabrechnung, die Fertigstellung-Rückstellungen laut Rückstellungsliste unter Zuhilfenahme des betreffenden Rechnungsdurchschlages eingetragen. Zweckmäßig ist es, daß dieses Fertigstellung-Rückstellungsüberwachungsbuch am Schluß mit einem Register versehen ist, in dem die einzelnen Fertigstellung-Rückstellungen nach dem Ort registriert werden.

Durch die monatlichen Eintragungen der Fertigstellung-Rückstellungen in das Fertigstellung-Rückstellungsüberwachungsbuch sammelt schließlich dieses Buch alle im Laufe des betreffenden Jahres vorgesehenen Fertigstellung-Rückstellungen, die man die „Fertigstellung-Rückstellungen des laufenden Jahres“ nennen könnte.

Die Überwachung „der Fertigstellung-Rückstellungen des laufenden Jahres“ erfolgt auf folgende Weise: Ist ein Monat in der Nachkalkulation abgerechnet, so trägt die Nachkalkulation, wie bereits erwähnt, an Hand der Rückstellungsliste und der Rechnungsdurchschläge die einzelnen vorgesehenen Fertigstellung-Rückstellungen des Monats in das Fertigstellung-Rückstellungsüberwachungsbuch unter genauer Ausfüllung aller Rubriken ein und läßt dabei für jede Fertigstellung-Rückstellung einige Zeilen frei, je nachdem für wieviel Positionen Fertigstellung-Rückstellungen vorgesehen wurden. Sind alle Fertigstellung-Rückstellungen eines Monats auf diese Weise in das Überwachungsbuch

.... 1919.

Fertigstellung-Rückstellung vorgesehen für	Rückstellungs-Betrag		Abwicklung der Fertigstellung-Rückstellungen: 1. Vierteljahr		2. Vierteljahr		3. Vierteljahr		4. Vierteljahr		Für das nächste Geschäftsjahr noch erforderliche Rückstellung		Demnach Ersparnis in der Fertigstellung-Rückstellung		Demnach Überschreitung der Fertigstellung-Rückstellung	
	M.	Pf.	M.	Pf.	M.	Pf.	M.	Pf.	M.	Pf.	M.	Pf.	M.	Pf.	M.	Pf.
für aussteh. Rechnung			*6000*	—	*5500*	—	*2000*	—	*1200*	—	.	.	*1200*	—	.	.
N. N. für elektr. Teile	*2000*	—	*÷500*	—	*÷3500*	—	*÷800*	—	.	.						
für Aufstellungslöhne	*2000*	—	*5500*	—	*2000*	—	*1200*	—	*1200*	—						
für Reisen usw.	*500*	—	*NB. Rückstellung wird am Jahresende als erledigt angesehen, daher Mk. 1200,— unter Ersparnis.*													
für Unvorhergesehenes	*1500*	—														
	6000	—														

Formular 13.

eingetragen, so wird die Spalte „Vorgesehene Fertigstellung-Rückstellung" des betreffenden Monats addiert; die Summe der Fertigstellung-Rückstellungen gemäß dieser Spalte muß dann gleich sein dem Betrage, der in der Zusammenstellungsliste der Hauptabrechnungsbücher im betreffenden Monate unter Fertigstellung-Rückstellungskonto erscheint. Jedes Vierteljahr erfolgt hierauf eine Abrechnung der vorhandenen Fertigstellung-Rückstellungen. Sie könnte auch monatlich erfolgen, dann müßte aber das Fertigstellung-Rückstellungsüberwachungsbuch in der Spalte „Abwicklung der Fertigstellung-Rückstellungen"

II. Vierteljahr 1919.

Laufende Nummer der Fertigstellung-Rückstellung	Auftrags-Nummer	Vorrats-Materialien-Kto.	Lieferanten Materialien-Kto.	Lohn-Kto.	Ausgangsfrachten Kto.	Provisions-Kto.	Abgaben-Kto.	Lizenz-Kto.	Reiseauslagen-Kto.	Reisegehälter-Kto.	Verschiedene Nebenkosten-Kto.	Nachlässe: Umbuchung: Per Fertigstellung-Rückstellung-Konto an: Erlös Kto.	Gesamt-Betrag	Bestätigung für die Übertragung in das Überwachungsbuch
1030	*60100*		*3500* —										*3500* —	*N. N.*

Formular 14.

viel größer werden, da es statt vier Abwicklungsspalten, zwölf solcher Spalten besitzen müßte.

Zum Zwecke der Abrechnung der Fertigstellung-Rückstellungen werden die Hauptkarten dem Archiv II entnommen und die während der drei Monate aufgelaufenen Aufwendungen nach erfolgter Prüfung in ein „Aufwendungsbuch für Fertigstellung-Rückstellungen des laufenden Jahres“ (Formular 14) notiert. In dieses Aufwendungsbuch werden die Aufwendungen kontenweise eingetragen und die Summe der Aufwendungen, für jede Rückstellung getrennt, festgestellt. Diese Summe erscheint dann im Aufwendungsbuch unter Gesamtbetrag und wird im Fertigstellung-Rückstellungsüberwachungsbuche im betreffenden Vierteljahr von dem vorhandenen Fertigstellung-Rückstellungssaldo abgesetzt. Der dann am Jahresschlusse noch verbleibende Rückstellungssaldo wird für das nächste Jahr vorgetragen, wenn die Rückstellung durch die bereits aufgelaufenen Aufwendungen noch nicht erledigt ist. Erledigt sich eine Fertigstellung-Rückstellung, so wird der noch etwa verbleibende Fertigstellung-Rückstellungssaldo im Fertigstellung-Rückstellungsüberwachungsbuche entweder als Ersparnis oder als Überschreitung ausgeworfen. Als Ersparnis erscheint dieser Saldo, wenn zuviel, als Überschreitung, wenn zuwenig zurückgestellt wurde. Die Ersparnisse oder Überschreitungen werden am Jahresschlusse in der Gesamtsumme unter Berücksichtigung der notwendigen neuen Fertigstellung-Rückstellungen dem Überschusse der einzelnen Abteilung hinzugefügt bzw. von ihm abgesetzt. Um die einzelnen Rückstellungssalden und Aufwendungen im Überwachungsbuche besser auseinanderhalten zu können, werden die einzelnen Zahlen mit farbigen Tinten verbucht. So könnte man die Rückstellungssalden rot, die Aufwendungen schwarz und eventuelle Überschreitungen grün verbuchen.

Erledigt sich eine Fertigstellung-Rückstellung im Laufe des Jahres oder am Jahresschlusse, so muß auf der Hauptkarte und auf den Kalkulationskarten vermerkt werden, daß die Fertigstellung-Rückstellung erledigt ist. Dieses geschieht am besten durch Aufdrücken eines Stempels, der etwa mit folgendem Text versehen sein müßte:

Fertigstellung-Rückstellung erledigt am .... (Unterschrift) ....

Die so mit diesem Stempel versehene Hauptkarte gelangt aus dem Archiv II in das Archiv III.

Sind die gesamten Aufwendungen aller vorhandenen Fertigstellung-Rückstellungen im betreffenden Vierteljahre festgestellt und in das

Überwachungsbuch übertragen, so werden die Aufwendungen im Aufwendungsbuch kontenweise aufaddiert und die Gesamtsumme aller Aufwendungen festgestellt. Die Gesamtsumme der Aufwendungen muß dann mit dem Betrage übereinstimmen, der sich aus der Differenz zwischen dem Rückstellungssaldo laut Überwachungsbuch am Anfange des Vierteljahres und dem Saldo am Ende des Vierteljahres ergibt.

Die buchhalterische Verbuchung der Aufwendungssummen Fertigstellung-Rückstellungen betreffend, werde ich im buchhalterischen Teile behandeln. Weiteres über den Abschluß der Fertigstellung-Rückstellungen bringt der „Jahresabschluß in der Nachkalkulation". —

B. Die Rückstellungen aus den Vorjahren (Vortragsposten).

Alle Fertigstellung-Rückstellungen des laufenden Jahres, die am Jahresschlusse noch nicht erledigt sind, müssen in das nächste Geschäftsjahr übernommen werden. Im Fertigstellung-Rückstellungsüberwachungsbuch wird zu diesem Zwecke in die Rubrik: „Für das nächste Jahr erforderlich" der Betrag eingesetzt, der für das nächste Jahr noch zurückgestellt werden muß. Die Gesamtsumme aller noch notwendigen Fertigstellung-Rückstellungen wird per 31. Dezember des Jahres einem Konto erkannt, welches wir „Vortragspostenkonto" nennen wollen. Das Vortragskostenkonto ist also ein Bilanzkonto und stellt die Fertigstellung-Rückstellungen dar, die laut Nachkalkulation für noch auszuführende Arbeiten, fehlende Lieferantenrechnungen usw. auf abgerechnete Aufträge für das nächste Geschäftsjahr vorgesehen werden. Dadurch soll erzielt werden, daß der Geschäftsgewinn des neuen Jahres nicht unter den Aufwendungen das alte Jahr betreffend, für die keine Deckung vorhanden wäre, zu leiden hat.

Am 1. Januar des neuen Geschäftsjahres wird dieses Vortragspostenkonto in der Nachkalkulation wieder eröffnet. Es wird ein „Fertigstellung-Rückstellungsüberwachungsbuch für Vortragsposten" eingerichtet, welches aus denselben Formularen besteht wie das „Fertigstellung-Rückstellungsüberwachungsbuch des laufenden Jahres". In dieses Überwachungsbuch werden die einzelnen Rückstellungen laut Vortragspostenkonto mit ihren vom Vorjahre übernommenen fortlaufenden Rückstellungsnummern eingetragen; die Überwachung dieser Vortragsposten-Rückstellungen geschieht genau so, wie die der Fertigstellung-Rückstellungen des laufenden Jahres. Die Aufwendungen gegen diese Rückstellungen werden ebenfalls vierteljährlich festgestellt, sie gehen aber nicht zu Lasten des Fertigstellung-Rückstellungskontos, sondern zu Lasten des Vortragspostenkontos. „Das Aufwendungsbuch für Vortragsposten" sieht genau so aus wie das „Aufwendungsbuch für Fertigstellung-Rückstellungen des laufenden Jahres", nur tritt überall dort, wo das „Fertigstellung-Rückstellungskonto" genannt ist, das „Vortragspostenkonto“ (z. B. in der Rubrik: Umbuchung der Nachlässe usw.) an dessen Stelle.

Die Haupt- und Kalkulationskarten eines Auftrages, für den eine solche Vortragspostenrückstellung vorgesehen ist, werden am 1. Januar des neuen Jahres mit folgendem Stempel versehen:

> Fertigstellung-Rückstellung
> lt. Vortragsposten-Konto
> 192.....
> Nr. ....

Die Nummer der Rückstellung bleibt, wie bereits oben erwähnt, unverändert, so daß ein und dieselbe Fertigstellung-Rückstellung die gleiche Nummer bis zu ihrer Erledigung behält.

Auf diese Weise unterscheiden wir zwei Arten von Fertigstellung-Rückstellungen, und zwar solche „laut Vortragsposten“ und solche des „laufenden Jahres“. Diese beiden Rückstellungsarten müssen streng auseinander gehalten werden. Während nämlich die Aufwendungen gegen die Fertigstellung-Rückstellungen des laufenden Jahres zu Lasten des „Fertigstellung-Rückstellungskontos“ gebucht werden, werden die Aufwendungen betreffend „Vortragsposten“ zu Lasten des „Vortragspostenkontos“ gebucht. Das Fertigstellung-Rückstellungskonto seinerseits geht zu Lasten des Erlöskontos des betreffenden Jahres, genau so wie die andern Aufwendungskonten (Lieferantenmaterialienkonto usw.), während das Vortragspostenkonto mit dem Erlöskonto des betreffenden Jahres nichts zu tun hat, da es ein Bilanzkonto ist und als solches bereits zu Lasten des Erlöskontos des Vorjahres gegangen ist.

Im buchhalterischen Teile der Nachkalkulation werde ich dann auch noch die Verbuchung der Aufwendungen gegen Fertigstellung-Rückstellungen laut Vortragspostenkonto behandeln. Weiteres über den Abschluß der Fertigstellung-Rückstellungen laut Vortragsposten bringt „der Jahresabschluß in der Nachkalkulation“. —

Monat: ....

Auftrags-Nr.	Besteller und Ort	Art der Aufwendungen bzw. der Rücklieferungen	Vorratsmaterialienkonto	Lieferantenmaterialienkonto	Lohnkonto		Zuschläge		Ausgangsfrachtenkonto	Provisionskonto
					Betrieb	Aufstellung	auf Betriebslöhne	auf Aufstellungslöhne		

Formular 15.

5. Die nachträglichen Aufwendungen, die Gratislieferungen und die Nachlässe.

Trotz größter Vorsicht der Nachkalkulatoren kann es doch noch vorkommen, daß nach der Abrechnung der einzelnen Aufträge Aufwendungen auflaufen, die nicht vorauszusehen waren und für die aus diesem Grunde keine Fertigstellung-Rückstellungen vorgesehen wurden. Diese Aufwendungen dürfen dann nicht etwa „ungefaßt“ bleiben, da sich sonst falsche Abrechnungen ergeben würden, sondern sie müssen irgendwie noch nachträglich zum Ausdruck gebracht werden. Dieses geschieht mit Hilfe des „Aufwendungsbuches für nachträgliche Aufwendungen und Gutschriften“ (Formular 15) und geht folgendermaßen vor sich:

Verbucht ein Beamter auf einer abgerechneten Auftragsnummer, für die keine Fertigstellung-Rückstellung vorhanden ist, irgendwelche Aufwendungen oder Gutschriften, so ist er verpflichtet, die betreffende Auftragsnummer in eine hierfür geschaffene „Überwachungsliste für Auftragsnummern mit nachträglichen Aufwendungen“ einzutragen. Diese Liste sammelt auf diese Weise alle Auftragsnummern, unter denen im Laufe des Monats nachträgliche Aufwendungen aufgelaufen sind. Am Monatsschlusse werden an Hand dieser Liste die einzelnen Hauptkarten mit ihrem Inhalte aus dem Archiv III entnommen und die einzelnen aufgelaufenen Aufwendungen einer Prüfung unterzogen, die feststellen soll, ob die betreffenden Aufwendungen tatsächlich nachträgliche Aufwendungen sind, oder ob sie Aufwendungen sind, die den Kunden weiter berechnet werden können. Die Möglichkeit der Weiterberechnung läßt sich nach Fühlungnahme mit den einzelnen Vertriebsabteilungen und der Rechnungsabteilung leicht feststellen. Steht es nun fest, daß diese Aufwendungen nachträgliche Aufwendungen sind, d. h. Aufwendungen, die seinerzeit dem Kunden berechnet worden sind oder nicht berechnet werden können, so werden sie in das „Aufwendungsbuch für nachträgliche Aufwendun-

19..........

							Nachträgliche Nachlässe und Gutschriften				
Abgabenkonto	Lizenzkonto	Reiseauslagenkonto	Reisegehälterkonto	Verschiedene Nebenkostenkonto	Gesamtbetrag (ausschl. Betriebszuschläge)	Gesamtbetrag (einschl. Betriebszuschläge)	Buchungs- Zeichen	Buchungs- Seite	für Nachlässe	für Gutschriften	Gesamtbetrag

Formular 15.

gen" eingetragen. Dieses Aufwendungsbuch ist nach Vertriebsabteilungen unterteilt, so daß die nachträglichen Aufwendungen getrennt nach den einzelnen Vertriebsabteilungen festgestellt werden können.

Es kann aber auch vorkommen, daß nicht nur Aufwendungen nachträglich auflaufen, sondern daß auch Gutschriften oder Rücklieferungszettel nachträglich erscheinen, so für übriggebliebenes und hierauf an das Lager abgeliefertes Material usw., die dem Auftrage noch gutgebracht werden müssen. In diesem Falle werden die Rücklieferungen und Gutschriften im Aufwendungsbuche grün verbucht, während die Verbuchung der Aufwendungen schwarz vorgenommen wird. Die grünen Posten vermindern dann in ihrer Gesamtsumme die Summe der nachträglichen Aufwendungen der betreffenden Vertriebsabteilung im betreffenden Monate.

Durch das „Aufwendungsbuch für nachträgliche Aufwendungen" werden diese Aufwendungen abteilungsweise in ihrer Gesamtsumme monatlich festgestellt. Dieses genügt vollkommen, da man schließlich nur wissen will, wieviel die betreffende Vertriebsabteilung im betreffenden Monate an nachträglichen Aufwendungen hatte. Will man auch noch eine Änderung des Abrechnungsergebnisses des betreffenden Auftrages unter Berücksichtigung der nachträglichen Aufwendungen vornehmen, so hätte man nur die auf der Vorderseite der Hauptkarte vorgesehene Spalte auszufüllen, um dann immer das richtige Abrechnungsergebnis des Auftrages zu besitzen.

Die nachträglichen Aufwendungen gehen, wie wir unter „Monatsabschluß in der Nachkalkulation" sehen werden, vom Überschuß und Rohgewinn der einzelnen Vertriebsabteilungen ab und tragen dann zur Feststellung des reinen Überschusses bzw. Rohgewinnes laut Nachkalkulation bei.

Mit dem Aufwendungsbuch für nachträgliche Aufwendungen ist das „Aufwendungsbuch für nachträgliche Verluste durch Nachlässe und Gutschriften" verbunden. Zu diesem Zwecke befinden sich am Rande des „Aufwendungsbuches für nachträgliche Aufwendungen" vier Spalten, die zum Fassen dieser Verluste vorgesehen sind. Unter einem „nachträglichen Verlust" versteht man einen dem Kunden gewährten Nachlaß (z. B. infolge eines zu hohen Preises, Minderlieferung usw.), der nicht im Monate der Rechnungserteilung, sondern in einem späteren Zeitabschnitte erscheint. Während, wie bereits erwähnt, die Nachlässe und Gutschriften, die in demselben Monate erscheinen, in dem die Rechnung an den Kunden erteilt wurde, vom Rechnungsbetrage bei der Abrechnung in der Nachkalkulation abgesetzt werden, werden die Nachlässe und Gutschriften, die aus irgendwelchen Gründen erst später gewährt wurden, durch obiges Aufwendungsbuch gefaßt. Zu diesem Zwecke werden diese Nachlässe bzw. Gutschriften (für zurückgesandte Teile) abteilungsweise in die vier oben erwähnten Spalten eingetragen und ihre monatliche Gesamtsumme festgestellt. Dabei wäre zu berücksichtigen, daß bei Verbuchung von Gutschriften für zurückgesandte Teile zu gleicher Zeit auch unter den nachträglichen Aufwendungen die betreffende Rücklieferung als Gutposten erscheinen muß, damit die betreffende Abteilung nicht in dem einen Monate unter nachträglichen Aufwendungen einen Gutposten erhält und im nächsten Monate unter nachträglichen Verlusten ein Verlust durch die Gutschrift an den Kunden entsteht. Richtig ist es daher nur, wenn die Rücklieferung und die Gutschrift an den Kunden in demselben Monate zusammen abgewickelt werden, wodurch sich die beiden Werte bis zu einer gewissen Höhe aufheben.

Schließlich wäre noch zu bemerken, daß das „Aufwendungsbuch für nachträgliche Aufwendungen und Verluste“, das, wie bereits erwähnt, nach den einzelnen Vertriebsabteilungen unterteilt ist, am Schlusse des Buches eine Zusammenstellung der einzelnen Vertriebsabteilungen enthält, in der die nachträglichen Aufwendungen und Verluste der einzelnen Vertriebsabteilungen aufgeführt werden. Auf diese Weise wird die Gesamtsumme aller nachträglichen Aufwendungen und Verluste des ganzen Betriebes im betreffenden Monate festgestellt.

Auf die weitere Bearbeitung der nachträglichen Verluste, die buchhalterisch zu Lasten des Erlöskontos gehen und deshalb auch in der Nachkalkulation vom Erlöskonto abgesetzt werden müssen, komme ich unter „Monatsabschluß in der Nachkalkulation“ zurück. —

Die Gratislieferungen. Alle gratis zu liefernden Aufträge werden genau so behandelt wie die andern Kundenaufträge, d. h. für Gratislieferungen werden genau so Auftragsnummern festgelegt wie für Kundenlieferungen. Der Gratislieferungsauftrag wird auch berechnet, und zwar dem „Konto für Gratislieferungen“, und in der Nachkalkulation in derselben Weise abgerechnet wie die anderen Aufträge. Ein Rohgewinn darf sich hierbei nicht ergeben, da die Gratislieferungen dem „Konto für Gratislieferungen“ nur in der Höhe der Selbstkosten berechnet werden dürfen. Das „Konto für Gratislieferungen“ wird in der Hauptbuchhaltung geführt und stellt ein Verlustkonto dar, das am Jahresschlusse aufgelöst wird, indem der Saldo dieses Kontos zu Lasten Erlöskonto ausgebucht wird. — Der Vorgang hierbei ist folgender: Eine Lieferung an einen Kunden hat gratis zu erfolgen. Sie erhält eine Auftragsnummer, und unter dieser Auftragsnummer werden die einzelnen Teile angefertigt und hierauf versandt. Ist der Versand erfolgt, so gelangt der betreffende Durchschlag des Versandavises nach der Rechnungsabteilung. Die Rechnungsabteilung stellt fest, daß es sich um eine Gratislieferung handelt, und stellt eine Rechnung aus, die auf „Konto für Gratislieferungen“ lautet. Durch diese Rechnung, die ebenso wie die andern Rechnungen im Rechnungsausgangsbuche erscheint, wird das „Konto für Gratislieferungen" zugunsten Erlöskonto belastet. Der Rechnungsdurchschlag gelangt hierauf in die Nachkalkulation und der Auftrag wird wie jeder andere abgerechnet. Die einzelnen Gratislieferungen werden dann mit ihren Ergebnissen in die Abteilungshauptabrechnungsbücher eingetragen und die Höhe der Gratislieferungen des Monats abteilungsweise festgestellt. Die Summe der Gratislieferungen wird hierauf in der Nachkalkulation von dem Gesamtergebnisse der Abteilung im betreffenden Monate abgesetzt; ausführlicher werden wir diesen Vorgang unter „Monatsabschluß in der Nachkalkulation" besprochen finden. Die Aufwendungen die für die Ausführung der Gratislieferungen verwendet wurden und die ebenfalls in den Hauptabrechnungsbüchern erscheinen, gehen genau so wie die anderen Aufwendungen zu Lasten des Erlöskontos.

Am Jahresschlusse wird nun in der Hauptbuchhaltung, wie bereits oben gesagt, das „Konto für Gratislieferungen" aufgelöst und der Saldo dieses Kontos zu Lasten Erlöskonto gebucht. — Durch diese Vorgänge wird das Erlöskonto zweimal belastet und einmal erkannt (erkannt durch das Erscheinen der Gratisrechnung im Rechnungsausgangsbuche), so daß der Verlust, der durch die Gratislieferungen entsteht, durch die eine verbleibende Belastung des Erlöskontos zum Ausdrucke kommt. Es ergibt sich demnach in der Hauptbuchhaltung folgendes Bild:

Vorgang	Erlös-Konto		Konto für Gratislieferung		Lieferantenmaterialien-Konto		Lohn-Konto		K.-Konto des Lieferanten usw.	
	Debet	Credit	Debet	Credit	Debet	Credit	Debet	Credit	Debet	Credit
Durch die Erteilung der Rechnung		200.–	200.–							
Durch d. Nachkalkulation nach Abrechnung der Rechnung	200.–					150.–		50.–		
Durch Auflösung des Kontos für Gratislieferungen am Jahresschlusse	200.–			200.–						
Durch Eingang der Lieferantenrechnung und für Löhne					150.–		50.–			200.–
	400.–	200.–	200.–	200.–	150.–	150.–	50.–	50.–		
Verbleibt	200.–									

Weiteres über die Gratislieferungen siehe unter „Monatsabschluß in der Nachkalkulation".

6. Der betriebsbuchhalterische Teil der Nachkalkulation.

Die Betriebsbuchhaltung der Nachkalkulation hat folgende Aufgaben zu erfüllen:

1. Sie muß der Hauptbuchhaltung allmonatlich die Summen der abgewickelten Aufwendungen, d. h. die Summen der im Laufe des Monats für die Ausführung der einzelnen Kundenaufträge abgerechneten Aufwendungen laut „Hauptabrechnungsbuch" und „Aufwendungsbuch für nachträgliche Aufwendungen", aufgeben.

2. Sie muß der Hauptbuchhaltung vierteljährlich die Summen der abgerechneten Aufwendungen gegen die Fertigstellung-Rückstellungen des laufenden Jahres, sowie gegen die Fertigstellung-Rückstellungen laut Vortragspostenkonto mitteilen.

3. Sie hat am Jahresschlusse die Höhe der Aufwendungen festzustellen, die in den halbfertigen Teilen enthalten sind, und mit der Summe dieser Aufwendungen das „Konto für halbfertige Teile", unter Erkennung der einzelnen Aufwendungskosten, zu belasten.

4. An Hand von technischen Unterlagen muß sie am Jahresschlusse die notwendigen Abschreibungen auf halbfertige Teile vornehmen und dieselben der Hauptbuchhaltung für die Bilanz angeben.

5. Schließlich muß sie der Hauptbuchhaltung am Jahresschlusse die Höhe der neuen Vortragsposten-Rückstellungen, die für das nächste Jahr fixiert worden sind, mitteilen.

Diese Punkte möchte ich nun, soweit möglich, etwas ausführlicher behandeln.

1. Die Aufgabe der Aufwendungen laut Hauptabrechnungsbuch und Abrechnungsbuch für nachträgliche Aufwendungen an die Hauptbuchhaltung.

a) Laut Hauptabrechnungsbuch: Wie ich bereits erwähnt habe, werden die Ergebnisse der einzelnen Abteilungs-Hauptabrechnungsbücher jeden Monat in die „Zusammenstellungsliste der Abteilungshauptabrechnungsbücher" eingetragen. Diese Liste, die die Endergebnisse der monatlichen Hauptabrechnung bringt, weist auch die Gesamtsumme aller Aufwendungen kontenweise nach, die im betreffenden Monate für die Ausführung der in demselben Monate berechneten Aufträge verwendet wurden. Da, wie wir bereits gehört haben, eine der wichtigsten Aufgaben der Nachkalkulation die Auflösung der buchhalterischen Aufwendungskonten ist, so müssen alle für die Ausführung der Kundenaufträge verbrauchten Aufwendungen der Hauptbuchhaltung mitgeteilt werden. Dieses geschieht in Form von Buchungen, die dazu beitragen sollen, die Aufwendungskonten der Hauptbuchhaltung zu entlasten. Diese Buchungen, die sich monatlich wiederholen und deshalb als „periodische Buchungen" bezeichnet werden können, werden von der Nachkalkulation der Hauptbuchhaltung am besten durch eine sogenannte „Umbuchungsliste“ aufgegeben. Die Umbuchungsliste ist also eine Liste, die in sich alle periodischen Buchungen vereinigt, welche die Nachkalkulation der Hauptbuchhaltung monatlich oder vierteljährlich überweist. Da es nun, wie wir sehen werden, eine gewisse Anzahl solcher periodischen Buchungen gibt, wird die Umbuchungsliste am besten so eingerichtet, daß sie für jede Buchungsaufgabenart ein Blatt reserviert hat, welches oben als Kopf das Schema der betreffenden Buchungsaufgabe trägt (Formular 16), wobei eine Rubrik „Monat“ vorgesetzt wird. Die Umbuchungsliste gilt auf diese Weise für das ganze Jahr.

1. Aufwendungen für abgerechnete Kundenaufträge lt. Hauptabrechnungsbuch.

Monat 1919	Per Erlöskonto	An											Gegenzeichen des Abteilungsleiters	Buchungsvermerk der Hauptbuchhaltung
		Vorratsmaterialienkonto	Lieferantenmaterialienkonto	Lohnkonto	Ausgangsfrachtenkonto	Provisionskonto	Abgabenkonto	Lizenzkonto	Reiseauslagenkonto	Reisegehaltskonto	Verschied. Nebenkostenkonto	Fertigstellung-Rückstellungskonto		
Januar														
Februar														
März														
April														
usw.														

Formular 16.

Als erste Buchungsaufgabe in der Umbuchungsliste erscheint nun die der Hauptabrechnung (Formular 16). Die Überschrift dieser Buchungsaufgabe müßte lauten: „Aufwendungen für abgerechnete Kundenaufträge laut Hauptabrechnungsbuch“, wobei das Erlöskonto zugunsten aller Aufwendungskonten, an Hand der Zusammenstellungsliste der Hauptabrechnungsbücher, belastet wird.

b) Laut Abrechnungsbuch für nachträgliche Aufwendungen. Die gesamten Aufwendungen, die für die nachträglich erfolgten Aufwendungen verbraucht wurden, ergeben sich aus der Zusammenstellung der nachträglichen Aufwendungen der einzelnen Abteilungen. Diese abgerechneten Aufwendungen müssen auch zur Entlastung der Aufwendungskonten der Hauptbuchhaltung aufgegeben werden und dieses geschieht durch die zweite periodische Buchungsaufgabe der Umbuchungsliste. Die Überschrift dieser Buchungsaufgabe müßte lauten: „Aufwendungen für bereits abgerechnete Aufträge ohne Fertigstellung-Rückstellungen laut Aufwendungsbuch für nachträgliche Aufwendungen“; sie enthält dieselben Rubriken wie die Buchungsaufgabe 1, laut Hauptabrechnungsbuch, nur fällt die Rubrik „Fertigstellung-Rückstellungskonto" weg. Es wird gleichfalls das Erlöskonto belastet und die einzelnen Aufwendungskonten erkannt. Zu empfehlen ist aber, die Rubriken „Vorratsmaterialienkonto" und „Lieferantenmaterialienkonto" zweispaltig zu halten und zwar für Debet- und Kreditposten, im Falle, daß die nachträglichen Rücklieferungen überwiegen und dann das Vorratsmaterialienkonto nicht erkannt werden kann, sondern belastet werden muß. Diese Buchungsaufgabe erfolgt ebenfalls monatlich.

2. Die Verbuchung der Aufwendungen gegen Fertigstellung-Rückstellungen laut Vortragsposten und laut laufendes Jahr.

a) Fertigstellung-Rückstellungen laut Vortragspostenkonto. Der Nachweis der Aufwendungen gegen obige Rückstellungen geschieht durch die dritte Buchungsaufgabe der Umbuchungsliste. Diese Aufwendungen, die durch das „Aufwendungsbuch für Vortragsposten" festgestellt werden, gehen nicht zu Lasten des Erlöskontos, sondern zu Lasten des Vortragspostenkontos, da das Vortragspostenkonto mit dem Erlöskonto des laufenden Jahres nichts zu tun hat, sondern der Bilanz des Vorjahres entnommen ist. Die Überschrift dieser Buchungsaufgabe würde lauten: „Aufwendungen gegen Fertigstellung-Rückstellungen laut Vortragspostenkonto" und enthält folgende Rubriken: „Vierteljahr", „Per: Vortragspostenkonto", „An": Die einzelnen Aufwendungskonten, „Gegenzeichen des Abteilungleiters", „Buchungszeichen der Hauptbuchhaltung".

Diese Buchungen erfolgen vierteljährlich.

Es kann nun vorkommen, daß eine Rückstellung für einen später erscheinenden Nachlaß vorgesehen worden ist. Dieser Nachlaß erscheint auch und die Rechnungsabteilung behandelt ihn genau so wie jeden anderen, da ihr nicht bekannt ist, daß für denselben eine Rückstellung laut Vortragsposten vorhanden ist. Sie belastet also das Erlöskonto und erkennt den Kunden. Dieser Nachlaß wird aber hierauf in der Nachkalkulation gegen die in Betracht kommende Rückstellung laut Vortragspostenkonto verrechnet. Die Nachkalkulation ist in diesem Falle verpflichtet, diesen Nachlaß dem Erlöskonto wieder gutzubringen und das Vortragspostenkonto für denselben zu belasten. Dieses geschieht durch die vierte Buchungsaufgabe der Umbuchungsliste, die man mit „Nachlässe gegen Rückstellungen laut Vortragspostenkonto" bezeichnen könnte und die folgende Rubriken enthält: „Vierteljahr", „Per: Vortragspostenkonto", „An: Erlöskonto", „Gegenzeichen des Abteilungsleiters", „Buchungszeichen der Hauptbuchhaltung".

b) Fertigstellung-Rückstellungen, das laufende Jahr betreffend. Der Nachweis der Aufwendungen gegen obige Rückstellungen geschieht durch die fünfte Buchungsaufgabe der Umbuchungsliste. Diese Aufwendungen, die durch das „Aufwendungsbuch für Fertigstellung-Rückstellungen des laufenden Jahres“ festgestellt werden, gehen auch nicht zu Lasten Erlöskonto, sondern zu Lasten Fertigstellung-Rückstellungskonto, da das Fertigstellung-Rückstellungskonto selbst zu Lasten Erlöskonto geht (wie aus Buchungsaufgabe 1 ersichtlich). Die Überschrift dieser Buchungsaufgabe würde lauten: „Aufwendungen gegen Fertigstellung-Rückstellungen des laufenden Jahres“ und enthält folgende Rubriken: „Vierteljahr“, „Per: Fertigstellung-Rückstellungskonto“, „An“: Die einzelnen Aufwendungskonten, „Gegenzeichen des Abteilungsleiters“, „Buchungszeichen der Hauptbuchhaltung“.

Die Buchungen erfolgen vierteljährlich.

Mit den Nachlässen, für die Rückstellungen, die im Laufe des Jahres vorgesehen wurden, verhält es sich genau so wie mit den Nachlässen, die gegen Rückstellungen laut Vortragsposten verrechnet werden. Obige Nachlässe müssen nach Erscheinen von der Nachkalkulation ebenfalls dem Erlöskonto gutgebracht und dem Fertigstellung-Rückstellungskonto belastet werden. Dieses geschieht durch die sechste Buchungsaufgabe der Umbuchungsliste, die mit folgender Überschrift versehen werden könnte: „Nachlässe gegen Fertigstellung-Rückstellungen des laufenden Jahres“. Diese Buchungsaufgabe enthält folgende Rubriken: „Vierteljahr“, „Per: Fertigstellung-Rückstellungskonto“, „An: Erlöskonto“, „Gegenzeichen des Abteilungsleiters“, „Buchungszeichen der Hauptbuchhaltung“, und geschieht vierteljährlich. —

Als siebente und letzte Buchungsaufgabe der Umbuchungsliste kömme die der „halbfertigen Teile“ am Jahresschlusse hinzu. Dieselbe werde ich noch unter „Jahresabschluß in der Nachkalkulation“ besprechen, ebenso wie ich daselbst auch die Buchungsaufgabe betreffend die Neufeststellung der Vortragsposten-Rückstellungen für das nächste Geschäftsjahr behandeln werde.

7. Der Monats- und Jahresabschluß in der Nachkalkulation.

a) Der Monatsabschluß.

Am Ende eines jeden Monates wird in der Nachkalkulation ein Monatsabschluß vorgenommen. Als Grundlage hierzu dient die Hauptabrechnung.

Die Zusammenstellungsliste der Abteilungshauptabrechnungsbücher stellt, wie wir gehört haben, die Endsumme der Abrechnungsergebnisse aller Vertriebsabteilungen zusammen und weist auf diese Weise den Gesamtumsatz des betreffenden Monates, den Gesamtüberschuß und den Gesamtrohgewinn des ganzen Betriebes in dem Monate auf. Diese Gesamtsummen kann man aber nur als Bruttozahlen ansehen, weil sie lediglich die reinen Abrechnungsergebnisse des betreffenden Monates bringen, während die nachträglichen Aufwendungen und Verluste, sowie die Gratislieferungen in diesen Gesamtsummen noch nicht berücksichtigt sind. Diese Verlustposten müssen, da sie sozusagen spätere Änderungen der Abrechnungsergebnisse darstellen, erst von den Bruttoergebniszahlen des betreffenden Monates abgesetzt werden, damit man die Nettosummen des Gesamtumsatzes, des Gesamtüberschusses und des Gesamtrohgewinnes des betreffenden Monates laut Nachkalkution erhält.

Zur Erzielung dieser Nettozahlen wird wie folgt verfahren (Formular 17):

Ein Teil der Zusammenstellungsliste (Formular 12a).

	Rechnungsbetrag lt. Rechnungsausgangsbuch		Rechnungsbetrag unter Berücksichtigung der Nachlässe		Direkte Auslagen		Überschuß		Selbstkosten		Rohgewinn	
Brutto-Zahlen des Monates lt. Zusammenstellung der Hauptabrechnungsbücher	3050	—	3000	—	2300	—	700	—	2500	—	500	—
Ab Gratislieferungen des Monates			100	—			100	—			100	—
	3050	—	2900	—	2300	—	600	—	2500	—	400	—
Ab nachträgliche Verluste des Monates			20	—			20	—			20	—
	3050	—	2880	—	2300	—	580	—	2500	—	380	—
Ab nachträgliche Aufwendungen des Monates							30	—			50	—
Summa	3050	—	2880	—	2300	—	550	—	2500	—	330	—

Formular 17.

Von den Bruttoergebniszahlen des betreffenden Monates laut Zusammenstellungsliste gehen in der Nachkalkulation vor allen Dingen die Gratislieferungen des Monates ab. Die Gratislieferungen, die Verluste darstellen, anderseits aber in der Nachkalkulation genau so wie die Kundenrechnungen abgerechnet wurden, müssen vom Umsatze abgesetzt werden, weil die betreffenden Gratisrechnungen im Umsatze mit enthalten sind, aber keinen Erlös darstellen. (In der Hauptbuchhaltung werden die Gratislieferungen, wie bereits gesagt, erst am Jahresschlusse vom Erlös-Konto abgebucht.)

Gleichzeitig sollen statistisch, also in der Nachkalkulation, die Gratislieferungen als Verluste auftreten. Dieses wird nun erzielt, indem die

Summen der Gratislieferungen des betreffenden Monates vom Überschuß einerseits und vom Rohgewinn andererseits abgesetzt werden, so daß Überschuß und Rohgewinn um die Gratislieferungen sich vermindern.

Ebenso verhält es sich mit den „nachträglichen Verlusten". Diese Verluste, die buchhalterisch von vornherein zu Lasten Erlöskonto gehen, müssen vor allen Dingen in der Nachkalkulation vom Umsatze abgesetzt werden, damit die Nachkalkulation bezüglich des Erlöskontos mit der Hauptbuchhaltung übereinstimmt. Um in der Nachkalkulation als Verluste zu erscheinen, werden diese Posten außerdem noch vom Überschuß und Rohgewinn abgesetzt.

Monat: *Februar 1919.*

Nr. der Vertriebs-Abt.	Rechnungsbetrag lt. Rechnungsausgangsbuch		Rechnungsbetrag unter Berücksichtigung der Nachlässe des betreffenden Monats		Rechnungsbetrag unter Berücksichtigung der nachträglichen Nachlässe und der Gratislieferungen		Überschuß des Monats		Summe der Gratislieferungen, nachträgl. Nachlässe und nachträgl. Aufwendungen ohne Zuschläge		Reiner Überschuß		Rohgewinn des Monats		Summe der Gratislieferungen, nachträgl. Nachlässe und nachträgl. Aufwendungen mit Zuschlägen		Reiner Rohgewinn	
1	*3050*	—	*3000*	—	*2880*	—	*700*	—	*150*	—	*550*	—	*500*	—	*170*	—	*330*	—
2																		
3																		
4																		
5																		

Formular 18.

Die „nachträglichen Aufwendungen" werden, da sie doch buchhalterisch Aufwendungen darstellen, für die kein Erlös vorhanden ist, in der festgestellten Höhe der Aufwendungen ohne Zuschläge vom Überschusse, in der Höhe der Aufwendungen mit Zuschlägen vom Rohgewinne abgesetzt.

Hiermit wären die Abzüge, die allmonatlich in der Nachkalkulation vom Umsatze, Überschuß und Rohgewinn abgehen, berücksichtigt, und es entstehen die Nettozahlen des Monates, die nun zur weiteren Verarbeitung der Unkostenabteilung oder der Betriebsstatistik überwiesen werden. Diese Überweisung geschieht durch eine „Liste der Abrechnungsergebnisse" (Formular 18). —

(Zu bemerken wäre noch, daß der Monatsabschluß außer in der Zusammenstellungsliste auch noch in den einzelnen Abteilungshauptabrechnungsbüchern getrennt vorgenommen wird und dadurch auch die Nettozahlen der einzelnen Vertriebsabteilungen festgestellt werden.)

In dieser Liste stellt die Rubrik „Rechnungsbetrag laut Rechnungsausgangsbuch“ den Umsatz dar, wie er von der Hauptbuchhaltung ursprünglich laut Rechnungsausgangsbuch am Ende des betreffenden Monates verbucht wurde, was im Hauptabrechnungsbuche dem ersten Rechnungsbetrage entspricht. Die Rubrik „Rechnungsbetrag unter Berücksichtigung der Nachlässe des betreffenden Monates“ ist identisch mit dem Bruttorechnungsbetrage des zweiten Rechnungsbetrages laut Hauptabrechnungsbuch. Der „Rechnungsbetrag unter Berücksichtigung der nachträglichen Nachlässe und der Gratislieferungen“ entspricht dem Nettorechnungsbetrage laut Hauptabrechnungsbuch unter Berücksichtigung des Monatsabschlusses.

Die „Liste der Abrechnungsergebnisse“ gelangt, wie bereits erwähnt, monatlich in die Betriebsstatistik, die nun die Daten dieser Liste für ihre Statistiken verwendet. Diese Statistiken bilden dann die Kontrollzahlen für die Hauptbuchhaltung in bezug auf Umsatz und Überschuß.—

b) Der Jahresabschluß.

Der Jahresabschluß in der Nachkalkulation wird durch den Abschluß der Fertigstellung-Rückstellungen etwas umfangreicher. Derselbe wird in der Nachkalkulation im Zusammenhange mit dem Monatsabschlusse des letzten Geschäftsmonates vorgenommen. Zu diesem Zwecke wird wie gewöhnlich der Monatsabschluß fertiggestellt, wobei außer den Gratislieferungen, nachträglichen Aufwendungen und Nachlässen der Abschluß der gesamten Fertigstellung-Rückstellungen berücksichtigt werden muß. Der Abschluß der Fertigstellung-Rückstellungen erfolgt nun nach folgenden Prinzipien:

1. Rückstellungen des laufenden Jahres.

Am Ende eines Geschäftsjahres kann eine im Laufe des Jahres vorgesehene Fertigstellung-Rückstellung entweder als erledigt angesehen werden, oder aber die Fertigstellung-Rückstellung ist noch nicht erledigt und muß für das neue Geschäftsjahr vorgetragen werden. Im ersteren Falle wird der verbleibende Rückstellungsrest, — wenn zu viel zurückgestellt war —, oder die sich ergebende Rückstellungsüberschreitung — wenn zu wenig zurückgestellt wurde —, in den Rubriken „Ersparnis“ oder „Überschreitung“ des Fertigstellung-Rückstellungsüberwachungsbuches ausgeworfen. Hat die Fertigstellung-Rückstellung ihre Erledigung noch nicht gefunden, oder handelt es sich um Anlagen, bei denen man nicht ohne weiteres eine Erledigung der Rückstellung feststellen kann, so ist es die Pflicht der Nachkalkulation, an Hand der technischen Unterlagen und nach Rücksprache mit den einzelnen Vertriebsabteilungen den noch notwendigen Rückstellungsbetrag für das nächste Geschäftsjahr festzustellen. Dieser noch notwendige Rückstellungsbetrag wird im Fertigstellung-Rückstellungsüberwachungsbuche unter der Rubrik: „Für das nächste Geschäftsjahr noch erforderliche Fertigstellung-Rückstellungen“ eingetragen. Der neue Rückstellungsbetrag wird nun vom verbliebenen Rückstellungssaldo des laufenden Geschäftsjahres abgesetzt, und es ergibt sich dann eine Ersparnis oder eine Überschreitung der ursprünglich vorgesehenen Fertigstellung-Rückstellung, je nachdem, ob die neue Fertigstellung-Rückstellung kleiner oder größer als der verbliebene Rückstellungssaldo ist. Diese Ersparnis oder Überschreitung wird ebenfalls in die Rubriken „Ersparnis“ oder „Überschreitung“ des Fertigstellung-Rückstellungsüberwachungsbuches eingesetzt. —

Es kann aber auch noch vorkommen, daß Fertigstellung-Rückstellungen auf abgerechnete Aufträge für das neue Geschäftsjahr vorgesehen werden müssen, für die im Laufe des Geschäftsjahres keine Fertigstellung-Rückstellungen vorgesehen waren. In diesem Falle erhalten diese neuen Fertigstellung-Rückstellungen die nächsten laufenden Rückstellungsnummern. Der Rückstellungsbetrag wird dann in die Spalte „Für das nächste Geschäftsjahr noch erforderliche Fertigstellung-Rückstellungen“ und zu gleicher Zeit in die Spalte „Überschreitung“ eingesetzt, wobei durch eine Buchung das Fertigstellung-Rückstellungskonto des laufenden Jahres mit diesen Beträgen zu Lasten Erlöskonto erkannt wird.

Nachdem die neuen Rückstellungen auf diese Weise fixiert und die Ersparnis- sowie Überschreitungsrubriken ausgefüllt sind, werden die Spalten: „Für das nächste Geschäftsjahr erforderliche Fertigstellung-Rückstellungen“, „Ersparnis“ und „Überschreitung“ getrennt addiert und eine Abstimmung des Fertigstellung-Rückstellungskontos vorgenommen. Es muß dann ergeben:

Der Saldo des Fertigstellung-Rückstellungskontos per 31. Dezember des Jahres (d. h. abzüglich der im Laufe des Jahres aufgelaufenen Aufwendungen) + der Summe der Überschreitungen (die sich aus den Spalten „Überschreitung“ abzüglich „Ersparnis“, wenn erstere höher sind, ergeben) = der Summe der neuen Fertigstellung-Rückstellungen für das nächste Geschäftsjahr; oder:

Der Saldo des Fertigstellung-Rückstellungskontos per 31. Dezember des Jahres — (minus) der Summe der Ersparnisse (die sich aus den Spalten „Ersparnis“ abzüglich „Überschreitung“, wenn erstere höhere sind, ergeben) = der Summe der neuen Fertigstellung-Rückstellungen für das nächste Geschäftsjahr.

Die Beträge, die in den Spalten „Ersparnis“ und „Überschreitung“ erscheinen, stellen nun diejenigen Summen dar, die bei den Abwicklungen der Fertigstellung-Rückstellungen von den seinerzeit vorgesehenen Fertigstellung-Rückstellungen erspart bzw. überschritten wurden. Diese Summen müssen dem Abrechnungsergebnisse des Betriebes bzw. der einzelnen Vertriebsabteilungen hinzugefügt oder abgesetzt werden. Zu diesem Zwecke werden die einzelnen Ersparnisse und Überschreitungen der Rückstellungen laut Überwachungsbuch vertriebsabteilungsweise geordnet und dann abteilungsweise gegenübergestellt, so daß sich eine Gesamtersparnis oder eine Gesamtüberschreitung der Fertigstellung-Rückstellungen der betreffenden Vertriebsabteilung ergibt, je nachdem, ob die Ersparnisse oder die Überschreitungen vorherrschen. Die sich auf diese Weise herausschälende Gesamtersparnis oder Gesamtüberschreitung wird nun in gleicher Höhe zum Überschusse und Rohgewinne der betreffenden Abteilung im Dezember (wenn letzterer der letzte Monat des Geschäftsjahres ist) hinzugefügt, wenn es sich um eine Ersparnis handelt, vom Überschusse und Rohgewinne abgesetzt, wenn es sich um eine Überschreitung handelt. Diese Berücksichtigung erfolgt deshalb in gleicher Höhe beim Überschusse und Rohgewinne, da die Fertigstellung-Rückstellungen der Einfachheit halber ohne Lohnzuschläge abgewickelt werden. Will man den Lohnzuschlag, der durch die Abwicklung der Fertigstellung-Rückstellungen gedeckt worden wäre, trotzdem ermitteln, dann genügt es, wenn man auf die Gesamtlöhne des Jahres laut „Aufwendungsbuch für Fertigstellung-Rückstellungen des laufenden Jahres" einen Durchschnittszuschlag aufrechnet. —

Durch obigen Rückstellungsabschluß ist nun folgendes erfolgt:

Die einzelnen Vertriebsabteilungen haben eine Berichtigung der seinerzeitigen kalkulatorischen Abrechnung erhalten. Die Fertigstellung-Rückstellungen, die für irgendwelche Aufwendungen vorgesehen wurden, haben sich mit der Zeit erledigt, und die noch verbleibenden Ersparnisse oder Überschreitungen wurden der betreffenden Vertriebsabteilung gutgebracht bzw. belastet. Haben sich alle Fertigstellung-Rückstellungen noch nicht erledigt, so deckt sich die Vertriebsabteilung durch die für das nächste Jahr neu gestellten Fertigstellung-Rückstellungen für noch etwa auflaufende Aufwendungen. — Die Ersparnisse und Überschreitungen werden dem Überschusse bzw. Rohgewinne des letzten Geschäftsmonates unter dem Titel: „Ersparnisse (Überschreitungen) der Rückstellungen des laufenden Jahres" gutgebracht bzw. belastet.

2. Fertigstellung-Rückstellungen laut Vortragspostenkonto.

Der Abschluß dieser Rückstellungen erfolgt in derselben Art und Weise wie derjenige des „laufenden Jahres", nur geht alles zu Lasten des „Vortragspostenkontos" des alten Jahres. Hier werden ebenso die neuen Fertigstellung-Rückstellungen für das nächste Geschäftsjahr festgestellt und der Saldo des Vortragspostenkontos in derselben Art abgestimmt. Die Ersparnisse und Überschreitungen werden hierauf auch vertriebsabteilungsweise geordnet und dem Überschusse bzw. dem Rohgewinne des letzten Geschäftsmonates der einzelnen Vertriebsabteilungen gutgebracht bzw. belastet; dieses geschieht unter dem Titel:

„Ersparnisse (Überschreitungen) der Fertigstellung-Rückstellungen laut Vortragspostenkonto". —

Nun kommt der buchhalterische Jahresabschluß der gesamten Fertigstellung-Rückstellungen. Der Einfachheit halber werden zu diesem Zwecke die beiden Konten „Fertigstellung-Rückstellungskonto" und „Vortragsposten" aufgelöst, d. h. die verbliebenen Salden dieser Konten per 31. Dezember des Jahres werden zugunsten des „Erlöskontos" ausgebucht. Dem Erlöskonto wird aber zu gleicher Zeit der Betrag entnommen, der notwendig ist, um die Summe der neuen Fertigstellung-Rückstellungen für das nächste Geschäftsjahr laut „Fertigstellung-Rückstellungen des laufenden Jahres" und laut „Vortragspostenkonto" zu decken. Dieser Betrag geht dann per 31. Dezember des Jahres zu Lasten des „Erlöskontos" und zugunsten des neuen „Vortragspostenkontos" und erscheint dann unter „Fertigstellung-Rückstellungen laut Vortragspostenkonto" in der Bilanz des Jahres. Am 1. Januar des neuen Geschäftsjahres wird hierauf das „Vortragspostenkonto" für das neue Geschäftsjahr eröffnet. —

Graphisch dargestellt würde die Rückstellungsabwicklung folgendermaßen aussehen (Figur 19):

c) Die Aufnahme der halbfertigen Teile (Halbfabrikate).

Parallel mit der körperlichen Inventur der Vorratsmaterialien muß am Jahresschlusse eine Aufnahme derjenigen Werte vorgenommen werden, die in den per 31. Dezember des Jahres noch nicht abgerechneten Aufträgen vorhanden sind. Diese Werte nennt man die Werte der „halbfertigen Teile" oder kurz die „Halbfabrikate". Die „Halbfabrikate" können nur dann richtig erfaßt werden, wenn der Betrieb über eine gut arbeitende Nachkalkulation verfügt, die, in der besprochenen Weise, alle Aufwendungen, die für die Ausführung der Kundenaufträge verwendet wurden, sofort schriftlich festhält. Während ein Teil dieser Aufwendungen im Laufe des Jahres durch die Berechnung an die Kunden seine Erledigung findet, bleibt der andere unberechnete Teil dieser Aufwendungen am Jahresschlusse noch offen und bildet den Wert der Halbfabrikate.

Zur Erzielung eines richtigen Bildes der Halbfabrikate muß die Nachkalkulation vor allen Dingen in der Übergangszeit zum neuen Geschäftsjahre sehr vorsichtig arbeiten. Alle Aufwendungen, die im Monate Januar auflaufen, speziell die Lieferantenrechnungen, müssen genau untersucht werden, ob sie sich auf Lieferungen beziehen, die im alten oder neuen Geschäftsjahre erfolgt sind. Nach diesen Gesichtspunkten werden dann die Lieferantenrechnungen mit auffälligem Stempel, wie z. B. 1918 oder 1919, versehen und richtet sich danach die Verbuchung dieser Rechnungen in der Rechnungskontrolle, Hauptbuch-

Fig. 19.

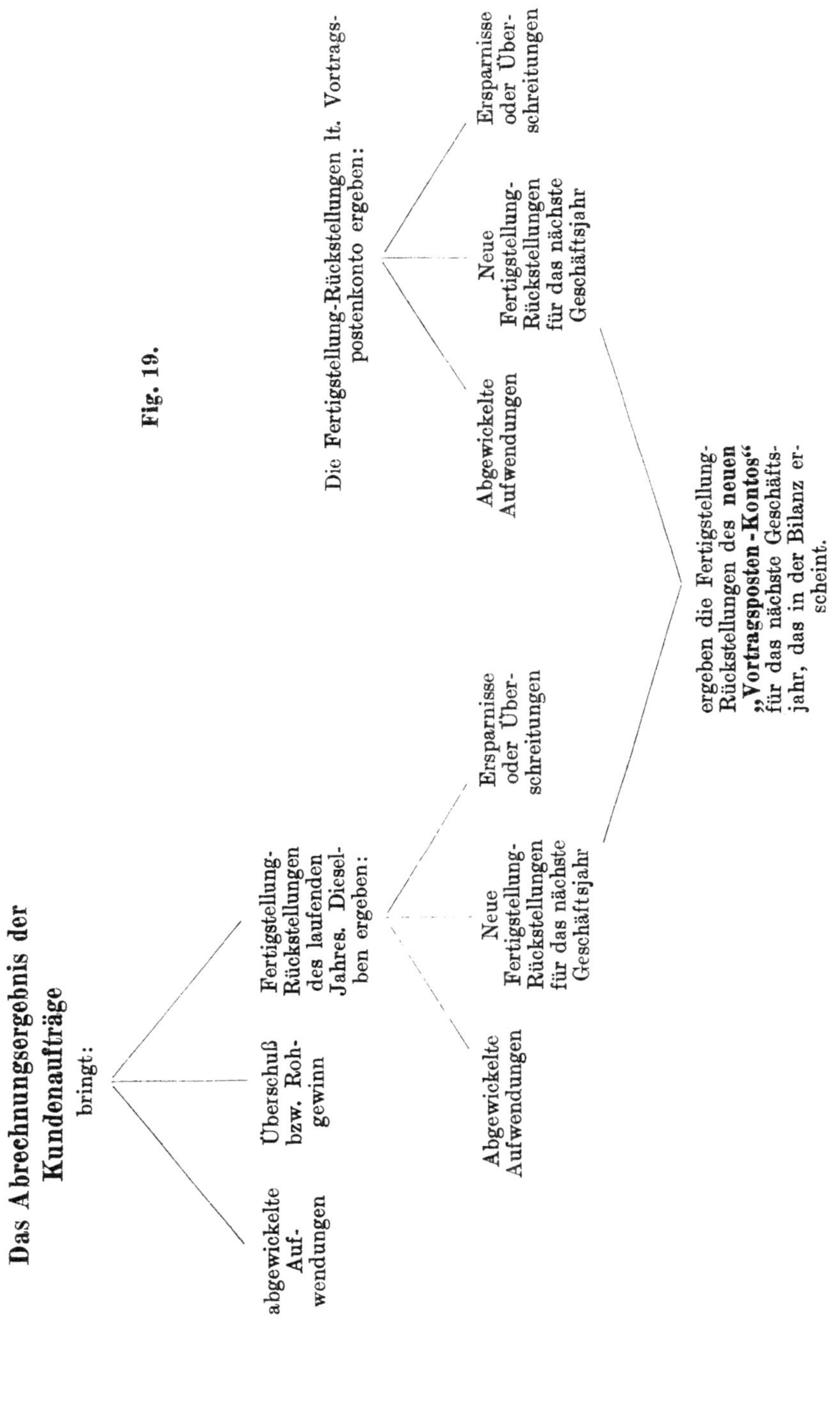
Das Abrechnungsergebnis der Kundenaufträge
bringt:
abgewickelte Aufwendungen
Überschuß bzw. Rohgewinn
Fertigstellung-Rückstellungen des laufenden Jahres. Dieselben ergeben:
Abgewickelte Aufwendungen
Neue Fertigstellung-Rückstellungen für das nächste Geschäftsjahr
Ersparnisse oder Überschreitungen
Die Fertigstellung-Rückstellungen lt. Vortragspostenkonto ergeben:
Abgewickelte Aufwendungen
Neue Fertigstellung-Rückstellungen für das nächste Geschäftsjahr
Ersparnisse oder Überschreitungen
ergeben die Fertigstellung-Rückstellungen des neuen „Vortragsposten-Kontos“ für das nächste Geschäftsjahr, das in der Bilanz erscheint.

haltung und Nachkalkulation. Bei den anderen Aufwendungen ist die Unterscheidung leichter durchzuführen, denn alle Materialabforderungszettel sowie Lohnzettel, die nach dem 1. Januar ausgeschrieben wurden, gehen zu Lasten des neuen Geschäftsjahres.

Nachdem also die körperliche Inventur stattgefunden hat, die kalkulatorische Abrechnung des Dezembers in der Nachkalkulation beendet ist und alle Aufwendungen, die noch das alte Jahr betreffen, verbucht sind, kann in der Nachkalkulation die Aufnahme der Halbfabrikate erfolgen. Zu diesem Zwecke erhält die Nachkalkulation von der Rechnungsabteilung eine genaue Liste aller noch offenen, d. h. noch nicht oder teilweise berechneten Kundenaufträge. An Hand dieser Liste werden die Beträge der betreffenden Kalkulationskarten der Nachkalkulation einer Vor- und Nachaddition unterzogen. Hierauf geht die eigentliche Aufnahme der Halbfabrikate vor sich, indem die einzelnen Beträge der in Betracht kommenden Kalkulationskarten in eine sogenannte „Liste der halbfertigen Teile des Jahres 19..“ aufgenommen werden. Diese Liste enthält folgende Rubriken: „Auftragsnummer, Besteller und Ort, Art der Anlage bzw. Lieferung, Gesamtsumme der Halbfabrikate, die einzelnen Aufwendungskonten und die einzelnen Lohnzuschläge“. In diese Liste werden die Aufwendungen unter demselben Konto aufgenommen, unter dem sie der Nachkalkulation überwiesen wurden. Für jeden Auftrag wird hierauf die Gesamtsumme seiner Halbfabrikate festgestellt, die sich aus der Summe aller Aufwendungen ohne Lohnzuschläge ergeben. Diese Gesamtsumme wird in die betreffende Spalte der Liste eingesetzt. Die Lohnzuschläge werden nur für statistische Zwecke festgestellt, da es nicht angebracht ist, dieselben als Halbfabrikate aufzunehmen. —

Zur Kontrolle, daß auch alle Endbeträge der einzelnen Kalkulationskarten der unabgerechneten Aufträge in den Halbfabrikaten aufgenommen worden sind, werden diese Endbeträge mit kleinen, sogenannten „Halbfabrikatestempeln“ versehen. Diese Stempel geben die einzelnen Aufwendungskonten sowie das betreffende Aufnahmejahr wieder; z. B. | Lohnkonto 1918 | . Sie werden bei jeder Summe aufgedrückt, die in die „Liste der Halbfabrikate“ aufgenommen worden ist. So wird z. B. die aufgenommene Endsumme der Lieferantenmaterialienkarte mit einem Stempel: „Lieferantenmaterialienkonto 1918“ versehen. Durch diese Stempel wird Dreifaches erzielt. 1. Wie schon erwähnt, beweist der Stempel, daß der betreffende Betrag in den Halbfabrikaten 1918 aufgenommen worden ist. 2. Es wird zum Ausdrucke gebracht, daß der betreffende Betrag unter „Lieferantenmaterialienkonto“ in den Halbfabrikaten aufgenommen wurde. 3. Der Nachkalkulator ist verpflichtet, im neuen Geschäftsjahre den betreffenden Betrag bei der Abrechnung des Auftrages unter dem Konto nachzuweisen, unter dem der Betrag in den Halbfabrikaten des Vorjahres aufgenommen worden ist, was aus dem Halbfabrikatestempel hervorgeht. Der letzte Punkt trägt wesentlich zur richtigen Auflösung der buchhalterischen Aufwendungskonten bei.

Nach Aufnahme aller Halbfabrikate werden in der „Liste der Halbfabrikate" die einzelnen Spalten der Aufwendungskonten, sowie die Gesamtsumme aufaddiert und der Hauptbuchhaltung zum Verbuchen aufgegeben. Dieses geschieht in der Umbuchungsliste per 31. Dezember des Jahres als siebente Buchungsaufgabe und lautet: „Per: Konto für halbfertige Teile", „An: Die einzelnen Aufwendungskonten". Durch diese Buchungsaufgabe erhält die Hauptbuchhaltung die letzten noch nicht nachgewiesenen Aufwendungen des abgelaufenen Jahres. Die einzelnen Aufwendungskonten der Hauptbuchhaltung müßten sich nun ganz auflösen. Folgendes Bild soll dieses erläutern:

Der Bestand per 1. Januar 1917 an Aufwendungen laut Halbfabrikate Dezember 1916

\+ der im Laufe des Jahres 1917 zu Lasten der einzelnen Aufwendungskonten aufgelaufenen Aufwendungen

= der laut Nachkalkulation im Laufe des Jahres 1917 durch die Abrechnung der Kundenaufträge nachgewiesenen Aufwendungen

\+ der Aufwendungen, die im Laufe des Jahres 1917 durch die eigene Herstellung der Vorratsfabrikate nachgewiesen wurden

\+ der Aufwendungen laut Halbfabrikate Dezember 1917.

Per 1. Januar des neuen Jahres wird nun die siebente Buchungsaufgabe des alten Geschäftsjahres in der Umbuchungsliste des neuen Geschäftsjahres wieder eröffnet. Es erscheint dann als erste Buchungsaufgabe in der Umbuchungsliste die Buchung: „Per: Die einzelnen Aufwendungskonten, An": Konto für halbfertige Teile. Dadurch werden die einzelnen Aufwendungskonten im neuen Jahre belastet, und die Pflicht der Nachkalkulation ist es nun, diese einzelnen Aufwendungskonten im Laufe des Jahres zu entlasten, wie auch aus obigem Bilde zu ersehen ist. Aus diesem Grunde ist es auch unbedingt notwendig, daß der Nachkalkulator die einzelnen Aufwendungen im neuen Jahre unter demselben Konto abwickelt, unter dem sie in den Halbfabrikaten des Vorjahres aufgenommen worden sind. —

Auf diese Halbfabrikate können in gewissem Umfange Abschreibungen vorgenommen werden. Dieselben erfolgen rein buchhalterisch und gehen die Nachkalkulation nichts an. Die Nachkalkulation ist aber verpflichtet, der Hauptbuchhaltung die diesbezüglichen Zahlen zu liefern und hat daher nur festzustellen, ob z. B. Anlagen, die zu festen Preisen angeboten worden sind, durch die bereits aufgelaufenen Aufwendungen laut Halbfabrikate sich nicht zu Verlustgeschäften gestalten. Dadurch, daß für diese sichtbaren Verluste buchhalterisch Abschreibungen auf Halbfabrikate vorgenommen werden, trifft man Vorkehrung, daß das nächste Geschäftsjahr dieselben auch vertragen kann.

Mit der erfolgten Aufnahme der Halbfabrikate kann auch der Jahresabschluß in der Nachkalkulation als beendigt angesehen werden. —

V. Schlußwort.

Aus allen meinen Ausführungen über die Nachkalkulation kann man ersehen, daß ihre Organisation sowohl was die Prüfung der technischen Vorgänge, als auch ihre betriebsbuchhalterische Verarbeitung anbelangt, sorgfältig ausgebaut sein muß. Je nach der Einrichtung des betreffenden Betriebes und dem Ziel, das er mit seiner Nachkalkulation verfolgt, wird er entweder auf ihre technische oder ihre betriebsbuchhalterische Tätigkeit größeren Wert legen. Die Nachkalkulation einseitig zu gestalten, d. h. sie nur für technische oder nur für betriebsbuchhalterische Zwecke auszubauen, entspricht nicht mehr den heutigen Erfordernissen.

In vorliegender Abhandlung habe ich eine Nachkalkulation der modernen Maschinenfabrik vorgeführt, in der die betriebsbuchhalterische Tätigkeit überwiegt. Diese setzt aber eine dementsprechende Hauptbuchhaltung voraus, die die betriebsbuchhalterischen Daten der Nachkalkulation völlig absorbieren kann. Nur dann hat die betriebsbuchhalterische Tätigkeit der Nachkalkulation einen taktischen Wert und kann einen zufriedenstellenden Erfolg erreichen.

In der Frage, ob in der Nachkalkulation vorteilhafter Bücher oder lose Karten verwendet werden, muß ich mich aus praktischer Erfahrung für letztere entscheiden. Nur mit Hilfe einer Kartei läßt sich erreichen, daß die Unterlagen eines nachkalkulierten Auftrages stets zusammen bleiben. Die Vorteile, die sich durch die Verwendung des Kartensystems ergeben, sind zu gewichtig, als daß sie durch etwaige nachteilige Eigenschaften dieses Systems in Frage gestellt werden könnten.

Ich bin mir wohl bewußt, daß jeder Betrieb seine Eigenheiten hat, die sich mit der Zeit herausgebildet haben und auf die Rücksicht genommen werden muß. Doch durch eine zielbewußte und planmäßig durchgeführte Organisation läßt sich mit der Zeit vieles abändern und durchführen.

Möge dieses Büchlein hierbei fruchtbare Arbeit leisten! —

Sachregister.

Arbeiten der Betriebsbuchhaltung auf Grund der Daten der Nachkalkulation unter Berücksichtigung aller notwendigen Konten.

Vorrats-Materialien-Konto		Lieferanten-Materialien-Konto		Lohn-Konto		Ausgangsfrachten-Konto		Provisions-Konto		Lizenz-Konto		Reiseauslagen-Konto		Reiseplakate-Konto		Verschiedene Nebenkosten-Konto		Fertigstellung-Rückstellungs-Konto		Vortragsposten-Konto		Konto für Differenzen in den halbfertigen Teilen		Konto für halbfertige Teile		Allgem. Unkosten-Konto		Lieferanten-K.-K.-Konto		Kunden-K.-K.-Konto		Kassa-Konto	
Per	An	Per	An	Per	An	Per	An	Per	An	Per	An	Per	An	Per	An	Per	An	Per	An	Per	An	Per	An	Per	An	Per	An	Per	An	Per	An	Per	An
2560,–		10420,–		25857,50		220,20		5000,–		1860,–		6270,60		5366,–		122,10									58476,50								
965,15		365,55		2515,–		335,10						820,45				86,50													965,15 365,55				4198,95
														610,–													610,–						
																														120000,–			
635,15																							635,15										
																			15000,–														
	4360,30		10795,55		28573,60		605,30		5000,–		1860,–		7091,05		6476,–		208,50																
120,–		2719,20		45,–		30,–						180,–				25,–													120,– 2719,20				250,–
	120,–		2719,20		45,–		30,–						180,–				25,–	3110,20															
																		5000,–			8000,–												
																		2859,80															
		9120,–																											9120,–				
			9120,–																	9120,–													
																					1120,–												
4480,30	4480,30	22616,65	22616,65	28718,60	28718,60	635,30	635,30	5000,–	5000,–	1860,–	1860,–	7271,05	7271,05	6476,–	6476,–	233,60	233,60	15000,–	15000,–	9120,–	9120,–												

Das Arbeiten der Betriebsbuchhaltung auf Grund der Daten der Nachkalkulation unter Be

Vorgänge	Erlös-Konto Per	Erlös-Konto An	Vorrats-Materialien-Konto Per	Vorrats-Materialien-Konto An	Lieferanten-Materialien-Konto Per	Lieferanten-Materialien-Konto An	Lohn-Konto Per	Lohn-Konto An	Ausgangsfrachten-Konto Per	Ausgangsfrachten-Konto An	Provisions-Konto Per	Provisions-Konto An	Lizenz-Konto Per	Lizenz-Konto An	Reiseauslagen-Konto Per	Reiseauslagen-Konto An
I. Für eine Apparatenanlage, die im Jahre 1918 begonnen und im Jahre 1919 fertiggestellt wurde, sind folgende Aufwendungen auf den Kalkulationskarten der Nachkalkulation aufgelaufen: a) lt. Aufnahme der Halbfabrikate am 31.12.18 und nach Vortrag dieser Aufwendungen per 1.1.19 (die Aufwendungskonten sind belastet zugunsten des Kontos für halbfertige Teile)			2860,—		10420,—		25857,60		220,20		5000,—		1860,—		6270,60	
b) im Laufe des Jahres 1919 bis zur nachkalkulatorischen Abrechnung (die Aufwendungskonten sind belastet zugunsten der einzelnen Lieferanten, sowie des Kassakontos)			865,15		365,85		2816,—		385,10						820,45	
c) Reisegehälter 1919, die dem Allgemeinen Unkostenkonto (Gehaltskonto) entnommen worden sind																
II. Die Rechnung wird an den Kunden erteilt		120000,—														
III. Die Kundenrechnung gelangt in die Nachkalkulation und wird nachkalkulatorisch abgerechnet 1. Der Nachkalkulator stellt hierbei fest, daß ein Materialabforderungszettel im Jahre 1918 mit einer falschen Gewichtsangabe versehen war, wodurch eine zu niedrige Bewertung desselben eintrat. Diese Differenz wird über Konto für Differenzen per 1919 aktiviert (Buchung per: Vorratsmaterialienkonto, an: Konto für Differenzen in den halbfertigen Teilen)			635,15													
2. Für noch fehlende Fertigstellungs-Aufwendungen (noch ausstehende Lieferantenrechnungen usw.) wird eine Fertigstellung-Rückstellung vorgesehen, wobei das Fertigstellung-Rückstellungskonto zu Lasten Erlöskonto erkannt wird	15000,—															
3. Alle aufgelaufenen Aufwendungen werden als für die Herstellung der Anlage verbraucht, zu Lasten Erlöskonto den einzelnen Aufwendungskonten durch die Umbuchungsliste gutgebracht	65060,70			4360,30		10785,85		28673,60		605,30		5000,—		1860,—		7091
IV. Im Laufe des Jahres 1919 bis 31. 12. 1919 liefen gegen die Fertigstellung-Rückstellung folgende Aufwendungen auf			120,—		2710,20		45,—		30,—						180,—	
Diese Aufwendungen wurden im Laufe des Jahres 1919 durch die Umbuchungsliste zu Lasten Fertigstellung-Rückstellungskonto den einzelnen Aufwendungskonten gutgebracht.				120,—		2710,20		45,—		30,—						180
V. Per 1920 muß lt. Angabe der Nachkalkulation von der Fertigstellung-Rückstellung noch folgender Betrag vorgetragen werden: (Buchung per: Fertigstellung-Rückstellungskonto, an: Vortragspostenkonto)																
VI. Der Saldo des Fertigstellung-Rückstellungskontos per 31. 12. 19 (Ersparnis) wird dem Erlöskonto gutgebracht		3889,80														
VII. Im Laufe des Jahres 1920 liefen gegen die Vortragsposten-Rückstellung folgende Aufwendungen auf					9120,—											
Diese Aufwendungen wurden im Laufe des Jahres 1920 durch die Umbuchungsliste zu Lasten Vortragspostenkonto den einzelnen Aufwendungskonten gutgebracht						9120,—										
VIII. Die Rückstellung ist erledigt; der Saldo des Vortragspostenkontos per 31. 12. 1920 (Überschreitung) wird dem Erlöskonto belastet	1120,—															
Sa. ℳ	81180,70	123889,80	4480,30	4480,30	22616,05	22616,05	28718,60	28718,60	635,30	635,30	5000,—	5000,—	1860,—	1860,—	7271,05	72[illegible]
IX. Verbleibender Überschuß lt. Erlöskonto . . . . ℳ (D. i. Rechnungsbetrag abzügl. aller Aufwendungen ausschließlich Betriebs- und Handlungsunkosten.)		42709,10														

Mundstein, Nachkalkulation.

GPSR Compliance

The European Union's (EU) General Product Safety Regulation (GPSR) is a set of rules that requires consumer products to be safe and our obligations to ensure this.

If you have any concerns about our products, you can contact us on ProductSafety@springernature.com

In case Publisher is established outside the EU, the EU authorized representative is:

Springer Nature Customer Service Center GmbH
Europaplatz 3
69115 Heidelberg, Germany

Batch number: 10844827

Printed by Printforce, the Netherlands